全过程工程咨询与建筑师负责制侧论

王宏海　主编

中国建筑工业出版社

图书在版编目（CIP）数据

全过程工程咨询与建筑师负责制侧论/王宏海主编.
北京：中国建筑工业出版社，2019.3
ISBN 978-7-112-23148-5

Ⅰ.①全… Ⅱ.①王… Ⅲ.①建筑工程-咨询
②建筑工程承包方式-研究　Ⅳ.①TU723

中国版本图书馆 CIP 数据核字（2018）第 297981 号

责任编辑：李春敏　杨　杰
责任校对：王　瑞

全过程工程咨询与建筑师负责制侧论
王宏海　主编

*

中国建筑工业出版社出版、发行（北京海淀三里河路9号）
各地新华书店、建筑书店经销
北京佳捷真科技发展有限公司制版
北京京华铭诚工贸有限公司印刷

*

开本：787×960毫米　1/16　印张：12¼　字数：243千字
2019年3月第一版　　2019年3月第一次印刷
定价：**62.00**元
ISBN 978-7-112-23148-5
（33236）

主编简介

　　王宏海，陕西合阳县人，一级注册建造师，高级工程师，北京筑信筑衡工程设计顾问有限公司董事长，中共党员，《建造师》期刊创办人。先后在政府规划建设部门工作两年、设计院六年、国企基建处三年。1995年下海创办企业，主营施工总承包、设计顾问及项目管理。建筑行业多角度的工作阅历和研究，形成了独特的建构性思维。

序 一

在工程建设领域对"全过程工程咨询"模式众说纷纭之时，王宏海先生也在风口上完成了其大作《全过程工程咨询与建筑师负责制侧论》。王先生虽谦逊地定位为侧论，但其既不迁就于政策的解读，也不遵从于"坛坛罐罐（论坛和宣贯会）"的专家观点，可谓独具个性，观点鲜明。近日，我们有机会进行了多次交流，并在工程造价管理、合同管理等方面多有共鸣，他希望我给其著述作序。说真的，其大作一是我没有全面、深入地拜读，二是有些观点也并非完全认同，碍于情面，赞其勤奋，就此机会谈谈自己对"全过程工程咨询"的简单认识和观点。

一是要准确把握《关于促进建筑业持续健康发展的意见》的定位。2017年2月21日，国务院办公厅印发了《关于促进建筑业持续健康发展的意见》（国办发〔2017〕19号，以下称《意见》），该《意见》概括总结了我国建筑业改革开放三十多年来取得的成就，指出了当前存在的主要问题，提出了促进建筑业持续健康发展的思路，以及7个方面20项促进建筑业持续健康发展的措施。部分同志把这个意见解读为改革意见，其实本《意见》的定位非常明确，即促进建筑业的持续健康发展。意见20项措施中仅有两项改革，一是优化资质资格管理，二是完善招投标制度。这两项是国家简政放权，去行政化改革的一部分，其他的18项不能称其为改革。因此，完善工程建设组织模式中的推行工程总承包，培育全过程工程咨询也不是改革，因为在工程建设领域，从来也没有限制工程总承包、全过程工程咨询。

二是要深刻认识培育全过程工程咨询的深远意义。1984年9月，国务院就发布了《关于改革建筑业和基本建设管理体制若干问题的暂行规定》，目的是引入市场经济的做法，提出了推行建设项目投资包干责任制，推行工程招标承包制，建立工程承包公司，勘察设计单位实行企业化和社会化，改革建设资金管理办法（拨改贷）等16项具有历史意义的重大改革措施。为了适应市场化改革，国家于1984年建立了工程勘察设计单位资质、建筑业企业资质。1992年设立工程监理单位资质，1996年设立工程造价咨询单位资质，此后资质设立不断增多，2000年设立工程招标代理机构资格，2005年设立工程咨询资质。根据国家发改委的文件显示，直至取消前工程咨询资质多达31个类别。此外，还有政府采购、专业管理的各类专项资质，再加上地方和行业的备案、短名单，企业已不堪重负。可以说资质管理已经使工程咨询业务被部门和地方人为地条块分割，企业业务发展碎片化，限制了企业的规模化、综合化和国际化发展。到目前为止，我们具有资质的各类工程咨询企业可达数万家，但反观我们的能力，真正能从事国际工程咨询（援外工程除外）的企业可能寥若晨星。法律、会计、咨询等咨询与服务业是除金融和科技之外最具国家软实力的行业，在这三大领域我们与国际发达国家有着非常巨大的差距。举例来说，在国际工程管理上，首先要谈的是适用的法律和合同范本，以及纠纷的解决地点与方式；其次要谈是适用的工程技术标准；然后是设计方案、主要工艺设备选型等；最后才是工程承包等。可以说前两轮我国的工程咨询（项目管理）公司、律师事务所等几乎没有什么话语权。当纠纷产生时，一般要进行国际工程纠纷仲裁，又很少在我们国内，我们大多律师和专业人士又不具备相应的能力，拱手送给了国外仲裁机构，要知道英国每年国际工程的仲裁收入高达 300 多亿英镑。所以说，我们要真正响应习近平总书记提出的"一带一路"倡议，适应中国建设走出去的要求，就应该在工程咨询领域本着"术业有专攻、企业无边际"的思路，改变我们资质壁垒，条块分割的传统做法，以专业的情怀、事业的情怀、爱国的情怀，促进工程咨询类企业业务融合发展，实现业务的综合化，经营的规模化和市场的国际化，来共同提升我国在国际工程建设和国际工程咨询（项目管理）方面的软实力。

三是毫无必要纠结或确定谁来负责（全过程工程咨询）。20 世纪 60 年代后，我们尚未成熟的苏联式的社会主义经济管理体制被打破。80 年代后，我们又借鉴了市场经济体制，造成了我们的建筑师或设计师普遍缺乏对工程施工和工程管理的认知和实际能力，工程经济和工程管理人员普遍缺乏工程技术基础，更缺乏施工经验。无论是全过程工程咨询还是全面项目管理都离不开技术、经济、管理、法律、信息五大专业领域的业务支撑，并应是在熟悉工程设计、工程施工和工程管理的基础上具备"师"的能力，基于对工程的认知和实践，来指导工程、驾驭工程。目前，讨论让谁来负责恐怕没有意义，我们应该按照国家"放管服"要求，针对不同的项目，给市场主体更多的尝试，更多的选择方式。如果是建筑师负责制，就要着力培养建筑师在工程管理、工程施工方面的认知和能力；同样，如果让造价工程师、建造师、监理工程师负责，就要补充其相应的知识和实践短板。无论是谁负责并不重要，关键是其领导的团队要拥有全面项目策划、全面项目管理、综合工程咨询服务和价值管理能力。唯有这样，我们才能发展我们的咨询业，并使我们走向国际市场，提升我们国家的软实力。

今年，恰逢改革开放四十周年。小岗村的经验告诉我，农民最会种地，政府根本不用去教。土地一直是国家所有，地还是那块地，但农民有了收益权，便有了积极性，就会勤恳地为那块土地负责。只要我们坚持党的十八届三中全会提出的"紧紧围绕使市场在资源配置中起决定性作用深化经济体制改革"；党的十八届四中全会提出的"全面推进依法治国，坚定不移反对腐败"，我国社会主义法制制度下的市场经济体制就会不断完善和健康的发展。我们应该全面、深入、准确地学习和把握党中央、国务院的文件精神，放下部门利益和某个群体的利益，少一些壁垒和变相的壁垒，多给市场一些时间和空间来发育，才能发展好市场经济，才能促进我国国民经济的持续健康发展，建筑业如此，全过程工程咨询也是如此。

中国建设工程造价管理协会　吴佐民

2018 年 12 月 12 日

序　二

　　建筑师负责制是我国对国际通行的职业建筑师制度的中国式称呼，实际上是对我国在改革开放的 20 世纪 90 年代中期引进的职业建筑师教育和考试制度后的一个补充，强调了建筑师的责任和义务，也有称之为建筑师全过程服务，总之是从不同角度强调了建筑师对于建筑物建成交付的责任而并非仅仅是图纸责任，重点强调建筑师从设计到施工全过程的把握。

　　起源于近代工业革命后英国、被国际建筑师协会 UIA 认可的国际职业建筑师制度，产生于建筑界业主和承包商之间的信息不对称和价值扭曲。建筑师作为建设工程的第三方，并作为业主的顾问，代理业主管理整个建筑的设计建造过程，为业主和公共利益服务。当然，建筑师作为第三方，自然会增加了建设工程的复杂度，降低了效率。但是，由于不同利益主体的制衡，使得业主比较容易保护自己的利益。承包商作为经济人，为了扩大自身的利益，可能会利用自身的专业知识和能力，提升了设计与施工的结合和效率，但是也可能以此侵害业主的利益。因此，DBB 模式一直是房屋建筑工程领域的主要模式，EPC 等排除设计咨询第三方的工程交付模式只是用于指标相对明确的工业项目。

　　全过程工程咨询也是我国对源于建设工程菲迪克 FIDIC 咨询工程师工作的描述，是对在日益复杂的建设工程中不断扩大的咨询顾问方的强调。有意思的是，在 19 世纪的英国，先后诞生了土木工程师协会和建筑师协会，成为今天菲迪克 FIDIC 和国际建筑师协会 UIA 的始祖。由于工程管理主要源于建设工程，因此菲迪克合同体系和美国建筑师协会 AIA 的合同体系，具有同宗同源的关系，同时也在发展中不断相互借鉴。因此，理解建筑师职业就是理解咨询工程师的关键。遗憾的是，目前国内研究机构往往由不同的人群在进行翻译和传播，出现了很多基于菲迪克合同体系中的咨询工程师字面含义的曲解，不理解设计、建筑师在工程咨询的基石作用和背景含义，无法理解咨询工程师在工程中为何具有代表业主的决定性的作用，这让国内的建设工程界的体系设计走了一个大大的弯路。其实，在房屋建筑领域，咨询工程师的代表就是建筑师，建筑师从来不是一个人或一个专业，而是至少包含了建筑、结构、暖通、电气、造价等多个专业咨询工程师的集合体（国际上还有室内、景观、照明、监理等），建筑师只是其龙头和代表。

　　目前我国建设工程中将设计咨询内容划分为投资咨询、勘察设计、招投标咨询、造价咨询、工程监理五个部分，并分属不同主管部门，造成碎片化的现状，使得我国建设工程的运行非常不顺，也无法与国际通行的规则接轨。在贯彻中央城市工作会议精神、实施一带一路国际化策略、改善营商环境、促进政府职能转换的今天，提升专业领域的专业人士的地位和统领作用，具有很重要的意义。让专业的人管专业的事，期待专业技术成为建筑行业的竞争和发展的焦点。

　　本论文集的作者王宏海先生具有建筑行业全产业链的从业经验，特别是他作为施工总承包商，多年的实践对建筑生产方式有了深刻的理解和对问题的洞见。更难得的是，他在本业之余投入了巨大的热情和精力、经费，进行了相关研究和人才培养，并尝试在国内进行了以建筑设计为先导的全过程咨询和建筑师负责制的项目实践。本书汇集了作者在这些方面的体会和思考，尤其是他带领的研发团队，利用产业链全过程的实践经验，对全过程咨询和建筑师负责制所做的率先思考和探索，对我国未来的改革和实践将具有重要的参考意义。期待更多有识之士参与思考和实践！

清华大学建筑学院　姜涌

2018 年 12 月 10 日于清华园

前　言

孔子在《论语·颜渊》中说过，"听讼，吾犹人也，必也使无讼乎。"作为工程领域的专业人士，我由此觉得，工程咨询的最高境界是，以业主方长远利益为依归，通过强化工程定义契约，明晰各干系方权责，体现咨询方价值，实现项目利益最大化，增进多方信任，尽可能减少纠纷。

工程项目按投资来源不同，可分为国有投资和非国有投资项目，房地产可归属后者。两类项目业主的关注点不尽相同，政府管理部门的监管也有所区别。首先需要指出，书名叫"侧论"，是指本书的内容和观点，仅系北京筑信筑衡工程设计顾问有限公司的研究成果，也仅限于房屋建筑工程领域，市政公用或其他工程领域可资参考。希望对设计、造价、监理、房地产、施工等企业为建设业主提供服务，降低成本，有所启发。

工程咨询是一种服务产品，是工程建设的龙头和灵魂，关系到工程项目的定义权及产业链话语权，它按阶段可分为全过程工程咨询和分阶段工程咨询。在房屋建筑领域，建筑师就是 FIDIC 中的咨询工程师，建筑师负责制就是全过程工程咨询在房屋建筑领域的实现形式，与国际职业建筑师制度基本接轨。它强调建筑师设计团队的职业责任是"盖房子"，即不但要搞设计，而且要懂经济，管合同。

全过程工程咨询不仅是工程咨询行业的事情，其所包括的投资决策、设计、造价、监理、招标等各种具体制度之间具有相互关联和相互依存的特性。正像青木昌彦教授在他的重要著作《比较制度分析》中所说，在一个"整体性制度安排"中，"只有相互一致和相互支持的制度安排才是富有生命力和可维系的"。

全过程工程咨询将带动工程建设组织模式的创新发展，倒逼市场决定造价改革，深刻影响项目利益分配机制，触及建筑业的灵魂，是建筑业供给侧结构性改革的重要突破口。

我为什么要研究全过程工程咨询和建筑师负责制？这与本人建筑行业全产业链的工作阅历有关。

1995 年，我在城市规划部门、设计院、国企基建处工作十年后，下海创办企业，主要从事施工总承包、设计顾问、项目管理及专业杂志编撰工作，也做了些投资开发，至今又过去二十多年了。建筑行业多种角色的工作阅历，使我可以亲身体验各干系方之间的逻辑和利益关系，观察行业发展沿革及改革方向，并养成系统思考的习惯。由于长期在一线从事专业技术和经营管理工作，面对各种复杂的现实问题，需要及时回答"咋办"，因而形成了所谓的建构性思维。

2014年，在全国工程勘察设计大师陈世民先生的支持下，有感于碎片化咨询文件之间错、漏、碰、缺带来的诸多弊端和混乱，北京筑信筑衡工程设计顾问有限公司成立，旨在为广大建设业主及设计咨询企业提供全过程工程咨询服务及标准研发。起名筑信筑衡，是因为我们深知，各干系方的互相信任和权威造价，是这个行业最重要的，也是最缺乏的，这就是"筑造信任，造价之衡"的企业愿景。尤其是，业主方急需既值得信任、又有金刚钻的全过程工程顾问。因此，我们希望通过身体力行的项目实践、标准研发和推广，以市场化方式为行业发展做点事情。几年来，在清华大学等合作下，完成了一些示范项目，取得了一些科研成果，也形成了一些可供推广的模式和标准。

筑信筑衡认为，在全过程工程咨询中，设计是主导，策划须先行，造价是灵魂，重点是工程定义文件，难点是造价市场化，落地点是招标文件和施工合同。为了方便介绍，书中暂自诩为有机式全过程工程咨询。有机式全过程工程咨询理论的核心技术在于，它强调用一条主线——"先定义，后资审，最低价中标"招采模式，将勘察、设计、造价、监理、招标等专业咨询"有机"贯穿起来，为业主提供置业顾问服务，可避免由于简单叠加而陷入泛项目管理化，重蹈监理制度的老路。

实践案例证明，这套模式的根本原理在于，"抓命门，堵后门，开前门"，即抓住精细化工程定义这一命门，减少各种咨询文件之间的错、漏、碰、缺，通过全面、全过程竞争性招投标，堵塞跑、冒、滴、漏，实现"造价省，质量优，工期短，效率高"项目管理目标，让业主省钱、省时、省心。

2017年初国办19号文发出后，围绕全过程工程咨询、建筑师负责制等行业热点，我应约撰写了几篇专题文章，发表于期刊或报纸上。为了方便同行阅读，在中国建筑工业出版社资深编辑李春敏老师的支持下，我将这些文章汇编，并专门撰写了前两篇论文，作为本书的上篇。整理过程中，我发现，所有文章、研究的内容和观点，均指向了一个焦点——工程定义文件精细化。我感觉，这种契约精神和能力，可能是解决当下建筑业诸多问题的突破口，希望引起政府部门、建设业主和同行的重视。

本书的下篇，收录了筑信筑衡的研究同事2014年撰写的数篇研究论文，系首次公开发表。其中的一些提法和认知，比如是否设置最高投标限价，与今天的认知有所差异，这次收录时保持了论文原貌，也反映了不同时期的思考。另外，鉴于工程总承包与全过程工程咨询经常被并列提及，本书特收录了关于工程总承包的两篇文章。为了使读者快速了解我们的研究观点，还附设了一篇筑信筑衡观点集锦。

这本书也为房地产企业进行精细化管理、降低建造成本提供了全新的思路。未来，房地产企业可按照有机式全过程工程咨询理论，委托有全过程服务能力的咨询顾问企业编制精细化的工程定义文件并提供置业顾问服务，对供应链进行流程再造，同时将庞大的设计、工程、成本、合同等建造管理部门进行扁平化整合，自己则专注于策划拿地、投资融资、销售租赁等经营发展，这是房地产企业的发展方向。

全过程工程咨询的难点在于造价市场化及设计全过程的造价控制，这就要落实住建部《关于进一步推进工程造价管理改革的指导意见》（建标［2014］142号），"到2020年，健全市场决定工程造价机制，建立与市场经济相适应的工程造价管理体系。"为此，我请该文件参与者中国建设工程造价协会专家委员会常务副主任吴佐民教授，为本书撰写了专业的序文。而清华大学建筑学院姜涌副教授的序，则介绍了建筑师负责制和全过程工程咨询的国际背景。

在筑信筑衡的研究过程中，清华大学庄惟敏、费麟、强茂山、马智亮、顾明、邓晓梅、姜涌等教授，东南大学王静教授，原建设部勘察设计司司长吴奕良、中国勘察设计协会施设理事长、王树平副理事长、汪祖进副秘书长、行业发展部侯丽娟主任、中国建设科技集团监事会主席欧阳东教授、华北科技学院马楠教授、中国勘察设计杂志社郝莹社长、建筑时报李武英主编、中建西北设计院项目管理委员会申长均主任、惟邦环球设计公司汪克建筑师、北京中外建BIM研究院赵塘建筑师、北京共筑社工程管理咨询中心饶沃平建筑师、成本管理专家张松涛等专家学者，多有支持或参与，他们提供了许多宝贵资料和研究观点，我谨在此深表感谢。还要感谢我们的标准研发和实践团队，北京筑信筑衡工程设计顾问有限公司、陕西中铁海通建设有限责任公司的李斌、王宏武、郑鹏勋、杜友询、拓娟、张伟、王钱英等研究人员，几年来他们坚持全过程工程咨询的标准研发和项目实践，并撰写了大量的专项研究论文，他们是一群优秀的"五懂"型咨询工程师。

这本文集，也敬献给和我们一起创办筑信筑衡的陈世民大师，我们怀念他。

当前，国内专业领域及学术界对全过程工程咨询与建筑师负责制的研究刚刚开始，愿这本集子抛砖引玉，启发大家思考。诚恳希望看到这本文集的同行朋友提出宝贵意见，您的意见和建议，我将在正在编写的另一本专著中予以采纳，我的邮箱 zhtwhh@163.com。

王宏海

2018年12月5日

目　录

上篇　论文汇编

下篇　专项研究

附　录

上篇　论文汇编

质量优　成本省　工期短　效率高
——房地产企业可以这样做

——全过程工程咨询项目实操方案①

由于设计、造价、监理等工程咨询服务的碎片化，房地产企业无奈创造了"一条龙业主自管＋自建"管理模式，该模式开工快，应变灵活，是目前房地产企业通用的项目管理模式。但是，随着企业规模化、区域化发展，这种全能型项目管理模式遇到了天花板，工程质量、工期、成本、安全、环境、客户投诉等问题不断，企业到处救火，却难以追责，只好自己兜底负责。

这是由于，在"一条龙业主自管＋自建"模式下，房地产企业（以下称为开发商）内设的设计、工程、成本、合同、招采等建造管理部门，与大量设计、咨询、施工、材料等供应商之间，工作职能交叉，责任边界不清，业主、咨询商、承包商角色错位，造成项目运营效率降低，目标难以受控。这就是所谓的大企业病，"总部愈来愈大，基层愈来愈忙碌，成本愈来愈高，客户愈来愈不满。"

应对策略是：第一，强化建造管理——"一条龙业主自管＋自建"传统建造管理模式向"业主方项目管理＋工程顾问"新型管理模式转变，将业主自管责任转移至工程顾问商，将业主自建及交付责任转移至施工承包商；第二，聚焦经营发展——开发商专注于策划拿地、投资融资、销售租赁等经营发展服务。这里，建造管理是经营发展的基础，二者相辅相成。

这种策略的好处是：对大型开发商，可解决大企业病问题；对中小型开发商，可打造新优势，实现弯道超车；对投资方、贷款方，有利于提升成本透明度和目标受控度，增强对开发商的信任感；对工程顾问商、施工承包商（指从事施工总承包的施工企业，以下简称承包商），由于责任边界明确，专业人干专业事，便于发挥专业优势，为开发商担负起咨询管理或建造责任，自身也获得发展；对建筑行业，可促使中国建造追赶中国制造。

具体做法是：以"质量优，成本省，工期短，效率高"为项目目标，按照有机式全过程工程咨询理论，开发商实行全面预算管理，委托工程顾问公司编制精细化工程定义文件，提供工程顾问服务，通过引入"先定义，后资审，最低价中标"招采模式，以造价市场化为突破口，建立价格竞争机制，降低建造成本，并

---

① 作者：王宏海，本文系首次发表。

促使承包商自动自发地承担起项目建造责任，工程顾问公司承担起咨询管理责任。同时，理顺招标、造价、合同三者关系，改善开发商供应链管理，且将设计、工程、成本、合同等建造管理部门进行扁平化整合，落实全面预算管理，建设和谐健康的工地文化，实现质量优、成本省前提下的高周转。

1. 房地产企业的成本分析

1.1 房地产企业成本构成

在房地产项目全面预算管理中，房地产的价格由成本、利润和税收构成。项目总成本可分为总土地成本和总建造成本两个大类，总建造成本又包括工程建设成本、项目管理成本两类，参见图1。

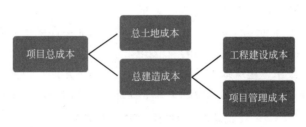

图 1 房地产项目成本构成

总土地成本，包括开发商获得用于开发建设的土地所需要的一切成本和费用支出，可折合成楼面地价计算。

工程建设成本，包括建造各类建筑物、构筑物及设施环境等所需的工程施工、咨询服务、材料设备等全部工程建设支出总额，按建筑面积每平方米指标计算。这种成本支出，通常是在合格供应商库（俗称短名单）中招、议标选择供应方，并签订承揽、委托，或采购合同实现。

项目管理成本，指除工程建设成本外，完成全部项目建造在项目公司层面所需发生的其他全部成本，包括项目办公费、管理费、经营费、人员工资、销售费、财务费用、政府收费等，可折合成建筑面积每平方米计算。

如某二线城市某精装商品住宅小区，规划总建筑面积（含地上、地下）30万平方米，工程建设成本 3800 元/平方米，项目管理成本折合建筑面积 1800 元/平方米，合计项目总建造成本则为 5600 元/平方米；另外，总土地成本折合楼面地价 6800 元/平方米，则项目总成本合计则为 12400 元/平方米；如果平均销售价格为 16000 元/平方米，则每平方米毛利润大约为 3600 元/平方米，项目预期利润约为 3600 * 30 万＝10.8 亿元；项目拿地的总成本即地价约为 6800 * 30 万＝

19.4 亿元。——这就是房地产公司投资部门"算大账"的常用方式。

1.2 房地产企业两大类业务：经营发展、建造管理

房地产开发企业的业务主要包括经营发展和建造管理两大类。经营发展包括策划拿地、投资融资、销售租赁等；建造管理应属于"业主方项目管理"的概念范畴，它既不是监理，也不是项目管理、代建制，而是业主方的本来职责，即恢复丁士昭教授当年从德国引进项目管理技术的本来面目。"业主方项目管理"职责具体包括，勘察设计管理、工程施工管理、合同成本管理、招标采购管理等，业主方拥有工程顾问公司不可替代的职能和责任，其管理对象是工程顾问公司、施工承包商。显然，经营发展部门是房地产企业利润的直接来源，建造管理部门负责建筑产品的制造，是房地产企业成本支出的重要部门。

国际上，开发商主要从事经营发展，对于建造管理则只是提出项目策划及建设要求，及履行必要的业主方项目管理职责，大量的技术、经济及合同管理等全过程工程顾问服务，则承包、委托给更为专业的工程咨询公司。国际上的工程咨询公司，通常只是业主方的顾问单位，按双方约定内容为业主提供智力服务，并不代替业主方项目管理的职责。本文使用的"工程顾问公司"称谓，涵义与国际上的工程咨询公司、顾问公司、建筑师事务所（民用建筑）基本相同，包括设计、勘察、造价、投资、监理等国际通行的部分或全部工程咨询服务内容，参见表1。

房地产企业主要业务内容比较表 表1

	经营发展			建造管理		
	拿地策划	投资融资	销售租赁	设计管理	监造管理	合同管理
国内	√	√	√	一条龙业主自管＋自建模式		
国际	√	√	√	业主方项目管理＋工程顾问模式		

在我国，由于工程咨询服务的碎片化，一直以来，开发商采购的方案设计、施工图设计、工程计量计价、工程监理等各种咨询服务，都是碎片化的，之间缺乏有机联系，靠甲方自己兜底进行有机组合。由于没有工程顾问公司提供国际上通行的全过程工程咨询服务，开发商无奈只好创造了一条龙业主自管＋自建模式。再加之多数开发商习惯上将量大价高材料设备或专业分包工程予以肢解，形成大量平行分包和材料甲供或甲指，就使得开发商变成既是投资商，又自营咨询（自管）、自营施工（自建），兼具工程咨询服务商和施工承包商职能，承担了设计咨询和施工质量安全的责任，成为产业史上少见的一条龙业主自管＋自建型的全能型"超级业主"。

1.3 开发商-咨询商-承包商的职责错位

由于工程咨询服务的碎片化，以及建设单位肢解工程、平行分包造成项目管

理的离散化，使得在现行的五方责任主体制下，质量、工期、安全、成本、环境问题的追责成为困难。而且，在一条龙业主自管＋自建模式下，由于开发商越位至咨询商、承包商职责，开发商的责任变得更大，以至国办（2017）19号文《关于促进建筑业持续健康发展的意见》要求建设单位对工程质量承担"首要责任"[1]。

笔者认为，这种五方乃至N方责任主体制度，造成开发商-咨询商-承包商铁三角关系变形、失稳，是建筑行业诸多乱象的制度性原因。其中，主要是由于缺乏全过程工程咨询服务商的顾问支持，以及施工总承包承包内容、合同模式被扭曲，对勘察设计、施工管理、预算合同并不专业的开发商无奈只得实行一条龙业主自管＋自建模式，造成身份越位或错位，导致不管哪个环节出了问题，必然是多方互相推诿扯皮，难以落实责任，最后只好由开发商兜底，承担"首要责任"。好比你新买了一套生产机器，出了问题，却要自己负责一样。

这就好比，过去搞装修房子，都是自己设计、自己买料，雇请木工、瓦工、电工等施工，现在则是请家装工程师（大城市已有执业）、装修公司分别负责项目管理和全部施工，业主只负责业主方项目管理，与家装工程师、装修公司形成铁三角关系。笔者曾建议，结合推行全过程工程咨询，将五方责任主体转化为业主、咨询、施工三方责任主体，明确咨询方与业主是顾问关系[2]。

试想，工地上假如回归到只有开发商、工程顾问公司、施工承包商三大家，那一切就简单了，责任就清晰了，效率必然大大提升。

2. 传统建造管理：一条龙业主自管＋自建模式

2.1 该模式简介

一条龙业主自管＋自建模式，是筑信筑衡研究过程中对我国传统房地产项目管理模式的总结，参见图2。具体是指，开发商除了要完成策划拿地、投资融资、销售租赁、建设手续等经营发展业务之外，还要设立设计管理、工程管理、合同成本管理、招标采购管理等建造管理部门，同时将勘察设计（包括勘察、方案设计、施工图设计、专项设计等）、工程监理、造价咨询等委托给各咨询类合作单位。

开发商通常为集团总部-区域公司-项目公司三级架构，多年来汇聚了大量建设专业人才，尤其是他们从设计院猎挖的许多建筑师、工程师，已锻炼成长为懂设计、懂材料、懂造价、懂管理的甲方建筑师，清华大学建筑学院姜涌教授称之为"超级建筑师"。

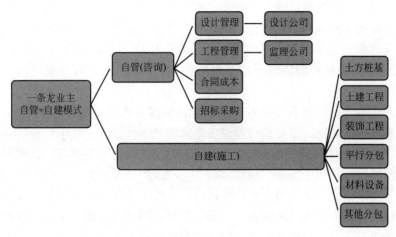

图 2　一条龙业主自管＋自建模式

2.2　该模式的优缺点

一条龙业主自管＋自建模式的优点是，项目推进快，成本透明，市场应变灵活等优点，是在缺乏全过程咨询服务、市场主体诚信不足的条件下，中国开发商创造的优秀项目管理模式，目前为房地产企业所通用。

该模式的缺点是，由于项目数量多、规模大，开发商的建造管理部门用人多、薪酬高、专业性强，供应商库十分庞大，"自管"造成各层级的建造管理部门职能交叉重叠，工作量庞杂，决策链条过长，不确定性较多，甚至腐败滋生；另外，"自建"造成开发商要与数十个供应商签订各种咨询服务、施工承包、材料设备供应等合同，并承担复杂的组织协调工作，对项目建造质量负总责。在这种自管、自建模式下，质量、成本、工期、安全、环境、客户投诉等各种问题层出不穷，管理人员成了消防员，到处救火。通常，建造管理问题多了，必然会影响经营发展，甚至会影响开发商在一个区域继续拿地扩张。

显然，传统的一条龙项目建造管理模式已不能适应企业规模化、区域化乃至巨型化发展的需要，需要正本清源，回归、推行国际化的业主方项目管理＋工程顾问模式。

2.3　传统建造管理对应的招采模式

在一条龙业主自管模式下，工程建设招标采购方式一般有三种，费率招标＋平行分包、总价招标＋平行分包、固定总价招标。

2.3.1　费率招标＋平行分包

指开发商在工程发包之前或之后，对门窗、装饰、电梯、幕墙、设备等"量大价高材料、专业工程"，自主采购并形成集团采购价，即集采价，并以甲指、甲供、政府材料信息价或直接发包（习惯上叫作平行分包）等方式在施工总包合同中与施工方予以约定，在此基础上将其余工程"总承包"给施工总承包商。承包商在这里其实并不是真正的施工总承包，习惯被称作"土建"或"土建总包"，而开发商负责总体组织协调，对工程质量、工期、安全、成本负最终责任，其实才是真正的施工中承包商。

施工总承包的发包形式，由于发包时没有图纸，开发商的招投标、造价管理，就采用依据国家定额、政府信息价等编制最高投标限价，再协商下浮点位的"费率下浮"方式。而承包商的确定，中小开发商多是老板或项目公司老总亲自考察、遴选，并以竞争性谈判方式选择确定，大企业则是在短名单中，由集团-区域公司领导与承包商谈判确定。目前，相当多数的中小开发商都是采用这一办法，而恒大集团至今仍这样做。当然，还有些开发商如碧桂园，则是将工程发包给自己集团内部的建筑公司，但这是极个别现象，这种方式造成企业组织更为庞大，建造过程管理更加复杂，不符合专业化分工及房地产业未来的形势发展，笔者不建议学习。

这种模式的优势在于，招标过程简单，有了基坑开挖图就可以动工，许多工作可以提前，所以建设周期短，且可以随时根据最终业主需要，进行设计变更。劣势在于，边设计、边施工、边做预算，图纸各专业打架多，套定额计价计量等扯皮多，结算久拖不决。大量存在的材料认价、甲指、甲供或平行分包等工程肢解，导致开发商的工程管理内容十分复杂，决策链条较长，项目管理成本越来越高。而且，由于缺乏必要的投标约定，以及定额单价利润不均衡、材差、量差等原因，在施工过程及决算阶段，认质认价、计量计价、造价核对、过程采购、产品验收、现场监造等任何一个环节，甲乙、设计、造价、监理等基层的技术经济管理人员都有不小的自由量裁权力，为此设立的监督程序致使"头比身子大"，造成工地文化隐晦，缺乏诚信与活力。或者，由于确定供应商和价格，靠的是人之间的协商和有权人的判断，有权人不能自证廉洁，导致一些环节的工作无人决策或决策缓慢，造成效率低下。——这种靠人决策，而不是靠制度决策的供应链管理机制，已经落后了。

如此，必然导致开发商在建造管理方面投入过多精力，不能专注于投融资、策划及销售等经营发展，有时甚至顾此失彼，焦头烂额。

2.3.2　总价招标＋平行分包

开发商对量大价高材料和专业工程的处理方式同第一类。但由于有了图纸，开发商就将工程发包形式改为总承包商自主报价，固定单价或总价投标，不设置最高投标限价，最低价中标。这种方式，因发包前已有了施工图，因此，图纸打架及设计变更、套定额子目等扯皮会减少，但各种外部因素对量大价高材料、专业工程的认质认价和正常采购干扰较大，开发商的项目管理成本仍然较高，管理腐败与难于自证廉洁依然同时存在，建造管理占用开发商精力过多的问题依然存在。

目前，越来越多的大中型开发商均采用这一招采模式，包括万科、中海等，这种方式的价格竞争比"费率招标＋平行分包"更为直接、透明，承包商通常由集团、区域公司在短名单中招标确定。但是，开发商仍在使用传统的定额化清单。在"放、管、服"背景下，开发商迫切希望造价管理部门或行业为其提供市场化的造价服务，比如，提供市场化清单，类似简单实用的"港式清单"，即"基于BIM实体量的工程量清单计价规则"——这就是"企业定额报价，市场决定造价"[3]，即吴佐民所说的市场法：竞争形成造价，合同约定造价。

2.3.3 固定总价招标

固定总价招标模式，个别开发商如和记黄埔、合生创展已有成功的探索和项目案例——这也是有机式全过程工程咨询理论体系研究的案例。它是指开发商在招标前，组织设计、造价等各种专业咨询顾问单位，完成全部设计图纸、工程量清单，且在招标文件或材料说明书中对量大价高材料指定同档次的三个以上品牌范围，并通过甲方自行完成的复合会审、价值分配等技术经济手段，形成复合型的工程设计定义文件。然后基于此，公开报名、资审、发标，实行固定总价招标，不设置最高投标限价，原则上价格低者得标。这种模式下，定额单价利润不均衡、材差、量差等问题可基本得到解决。

从实践效果看，本模式具有以下优点：由于在发标前对发包内容的定义即契约比较全面翔实，因而在施工过程中多方洽商少，变更签证少，结算简单，决算价与合同价相差较少。从结果看，项目建造成本大幅度降低，项目质量、进度、安全、环境的受控度大大提升，并可减少开发商对建造过程的精力投入，专注于经营发展。显然，这一方式的优势十分明显，可实现工程建设成本、项目管理成本"双降"，项目总建造成本比第一种费率招标＋平行分包降低约20％，比第二种总价招标＋平行分包降低约10％，是工程项目管理的发展方向。

实行固定总价招标，在一条龙业主自管＋自建模式下，须开发商配置较强的设计管理、工程管理、合同成本管理、招标采购管理等部门和专业技术、经济人员，自行组织完成招标前的工程定义文件编制工作，并自主组织实施。但这种精细化的建造管理组织模式，前期工作量较大，消耗掉其大量的精力，对开发商的建造管理综合能力要求较高，许多企业包括大型开发商也常常感到力不从心。

据悉，以善于创新管理的万科公司，曾希望将这种复合型工程定义文件编制工作，委托给具有全过程工程咨询服务能力的工程顾问企业，但最终因没找到这样的咨询服务商而不了了之。目前，随着全过程工程咨询、建筑师负责制的推行，有能力提供这种全过程服务的设计院或工程顾问企业已经出现。这种全过程咨询顾问，专业的人干专业的事，是未来设计、咨询企业的转型升级的发展方向，也是开发商抓经营、强建造的重要抓手。

3. 新型建造管理：业主方项目管理＋工程顾问模式

3.1 该模式简介

可以看出，以上一条龙业主自管＋自建模式下的固定总价招标，就接近国际业主方项目管理＋工程顾问模式了。随着我国房地产开发向精细化转型，以及国家推行全过程工程咨询与建筑师负责制，具备国际化咨询能力的工程顾问公司正在出现，将成为全过程工程咨询的重要力量，他们为开发商提供有机式全过程工程咨询服务，代替开发商建造管理部门编制设计、造价、材料、招标等文件，进行复合会审，形成精细化的工程定义文件，这就是所谓业主方项目管理＋工程顾问模式，参见图3。

图3　业主方项目管理＋工程顾问模式

业主方项目管理＋工程顾问模式，是北京筑信筑衡工程设计顾问有限公司联合清华大学等方面为开发商研发的一种项目管理升级解决方案，其依据的有机式全过程工程咨询理论的原理是——开发商委托工程顾问公司编制精细化工程定义文件，提供工程顾问服务，通过引入"先定义，后资审，最低价中标"招采模式（参见图4），以造价市场化为突破口，建立价格竞争机制，降低建造成本，并促使承包商自动自发地承担起项目建造责任。同时，理顺招标、造价、合同三者关系，整合原有供应链，且将设计、工程、成本、合同等建造管理部门进行扁平化整合，落实全面预算管理，建设和谐健康的工地文化，实现质量优、成本省前提下的高周转。

图4　国际工程招采模式

这种模式可解决开发商面临的各类项目建造问题，提升房地产企业的核心竞争能力，有助于实现"质量优，成本省，工期短，效率高"项目目标，让开发商专注于经营发展。由于建造成本透明化、前置化，也有利于开发商吸引投资商合作或获取融资。

3.2 固定总价招标的核心：工程定义文件

3.2.1 工程定义文件

固定总价招标最重要、最基础前提的就是精细化的工程定义文件，这是对业主方和设计顾问方综合管理能力的共同考验。所谓工程定义文件，就是对业主方建设意图的全面描述，其主要包括：设计图纸、工程量清单、产品说明书、招标文件[4]，参见图5。其中，工程顾问公司必须负责编制工程量清单、材料说明书、招标文件，也可以承担设计，也可以不承担，但设计方须按照工程顾问公司的要求编制设计文件。

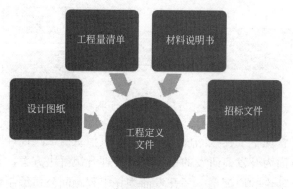

图 5 工程定义文件内容

在传统工程咨询碎片化体制下，投资咨询、勘察、设计、造价咨询、招标代理、监理等专业咨询，都有自身的规范、规程、指南等各种技术标准，但缺乏一条贯穿的主线，所谓"1＋N"叠加式全过程工程咨询，实质上是项目管理的翻版。在有关政府部门和行业协会支持下，根据有机式全过程工程咨询理论"先定义，后资审，最低价中标"招采主线，筑信筑衡与清华大学、大型开发商等机构正在编制团体标准——《全过程工程咨询服务技术导则》、《房屋建筑工程定义文件编制指南》，旨在将现有碎片化的咨询文件予以串联，形成复合型工程定义文件，有望成为国内最早的工程定义文件编制标准。

当然，对于一些复杂的房地产项目，或功能、标准暂时还不能完全确定、但需要早日开工的项目，对工程内容可分次、分块发包，工程定义也可按批次、分专业处理，如土方桩基阶段、主体安装阶段、精装修阶段，但每一次发承包时，对发包内容的工程定义即契约，都力求做到精细化。

3.2.2　工程定义文件的精细化

那么，如何能够做到工程定义文件的精细化？这正是团体标准《全过程工程咨询服务技术导则》与《房屋建筑工程定义文件编制指南》要解决的核心内容。

调研发现，工程建设领域的最低价中标是国际惯例，但过去低价中标出现的问题及被污名化，无不是招标文件简单粗糙、漏洞较多，标的物描述及各方责任等工程定义文件未做到精细化。招标人要想真正通过招标选择优秀承包商，且价格合理偏低，施工过程及竣工不扯皮，就必须在源头——即设计、交易阶段实现招标文件的精细化，具体包括"公道，完整，清晰"，并在此基础上实行低价中标，别无他法。在市场经济条件下，这种详定义的契约质量，是对发包人行为能力的极大考验[5]。

所谓公道，就是招标条件应符合公平、互利的市场原则。包括付款条件及工程款支付保障，投标报价以企业定额和市场价为基础，风险承担要合理等。经验证明，任何招标人凭借卖方市场地位而无视市场规则的，必将双输，而甲乙双方的串通又将面临极大的法律风险。

所谓完整，就是合理划分标段，保持招标范围完整，避免过分拆分招标、二次招标和暂估价。要求招标之前，对设计文件、工程量清单、施工合同、验收标准、材料封样等设计和招标文件进行复合会审，形成一整套精细化的工程定义文件，减少设计、招标文件等分体化造成的错、漏、碰、缺。

所谓清晰，就是工程定义文件中需对标的物及实施条件、过程和验收标准等进行清晰描述，甚至进行必要的封样，并对发承包人及第三方责权利等进行尽可能准确、详尽的约定（含资审阶段投标人的承诺封样），而应用 BIM 技术是一种十分有效的手段。

3.3　有机式全过程工程咨询：标前顾问与标后顾问

"有机式"全过程工程咨询，是为业主提供的一种"置业顾问"服务。其中，设计是主导，策划是先行，造价是灵魂，重点是工程定义文件，难点是设计全过程的造价控制和造价市场化，焦点是施工招投标，落地点是招标文件和施工合同。以设计为主导，未必是以设计院为主导，但设计院有天然优势。事实上，谁的知识、能力能"罩"得住"设计"，都可能成为全过程工程咨询的牵头方。根据这一理论体系，工程顾问公司为开发商提供的咨询服务内容[6] 可分为标前顾问、标后顾问两个阶段，参见图 6。

图 6　工程顾问公司服务菜单

3.3.1　标前顾问

1.配合策划：在拿地前、后，配合开发商前期部门完成项目策划。

2.承担设计（或指导设计）：工程顾问公司可直接承担设计业务，或指导开发商确定的设计公司，满足有机式全过程工程咨询理论对设计文件的要求。

3.编制《材料说明书》：根据《建筑法》第五十七条，设计师不能在图纸中指定单一品牌产品。但是，可在《材料说明书》中为业主方推荐三个同档次品牌，作为承包商报价的基础和采购的范围，这属于材料咨询，由咨询服务商基于开发商提供的供应商短名单编制。

4.编制《招标工程量清单》：目前可依据现行国家统一的《建设工程工程量清单计价规范》（GB 50500-2013）、省（市）计价规则消耗量定额等。待团体标准《建设工程工程量清单计价规范（BIM实体量）》颁布后，也可执行。

5.编制《施工招标文件》：含《招标用施工组织设计》。

6.BIM顾问：指导设计文件符合有机式全过程工程咨询要求，对"图、材、量"文件进行BIM化、实用化复合建模。

7.编制《业主方工程项目管理方案》：含《施工临建设计》。施工临建设计，在美国通常是工程设计顾问公司为业主项目提供的一项服务内容，可以早日利用闲置的施工场地搭建好施工临建和设施，方便业主、咨询、监理单位提前进驻现场，开展项目前期工作，缩短建设周期[7]。

8.编制工程定义文件：对上述各种定义文件进行复合会审，形成基于BIM的复合型《工程定义文件》（附招标封样），准备发标。发包前编制这些复杂的工程定义文件，需要一定的时间，但磨刀不误砍柴工，这将给施工合同提供翔实、坚固的基础，开工后的施工过程将不但很顺利，而且责任清晰，"质量优，成本省，工期短，效率高"项目交付目标将完全受控。

9.招标顾问：为开发商提供包括公告、资审、发标、评标、定标等全部招标活动的咨询顾问服务。正式发标，是一个分水岭，开发商的项目建设目标和责任，将通过精细化的工程定义文件，以及据此编制的承包商报价和承诺，转移给施工中承包商。

3.3.2　标后顾问

1.合同管理及施工过程造价管控：全过程造价管控、工程款拨付审核、设计变更审核、决算核对等与合同有关的经济管理。

2.工程监理：包括现场质量、安全、环境、文明工地、进度等管理，也称作监造管理。

3.扁平化改造：编制《建造管理部门扁平化方案》，为房地产商提供扁平化改造顾问。

4.配合、参与项目后评估。

需要说明的是，在我国，项目手续、土地、环境等协调管理工作灵活多变，外部性较强，宜归入业主方项目管理职能，由开发商负责，咨询顾问公司可以协助。

3.3.3 工程顾问公司与咨询工程师的基本认知

咨询业属于知识密集的智力服务行业，具有独立性、公正性、综合性、系统性的行业特点，其中独立性包括一定的准司法性；工程咨询公司是具有独立法人地位的经营实体，属于服务型企业，形式和规模多种多样，基本业务是向客户提供有偿的专业咨询服务，服务对象包括：为项目业主服务，为承包商服务，联合承包工程，为贷款方服务；工程咨询是实践性极强的职业，咨询工程师是从事这一职业的主体；咨询工程师（Consulting Engineer）是以从事工程咨询业务为职业的工程技术人员和其他专业（如经济、管理等）人员的统称。

咨询工程师应具有的个人素质：精通业务，较宽的知识面，善于协作，责任心强，较强的经营管理能力，具有开拓精神。咨询工程师应具备的职业道德：对社会和职业的责任感，能力，正直性，公正性，对他人的公正[8]。

国际上，建筑师与律师、医师、会计师并称为四大独立职业人士。建筑师职业制度起源于上世纪初，当时建造承包商集设计、施工于一身，为了防止承包商利用信息不对称损害业主方利益，英国建筑师于是将设计分离出来，设立了独立的建筑师职业制度和组织，成为FIDIC的前身。这种国际建筑师职业制度，在国内被习惯称为建筑师负责制，也就是房建领域的全过程工程咨询。在房屋建筑工程领域，建筑师包括建筑师、结构工程师、设备工程师、造价工程师等，均属于咨询工程师的概念范畴。咨询工程师受业主委托，负责从项目决策、设计，到实施管理和交付等全过程，并协助或受业主委托管理承包商，协调业主方和承包商的关系，构成铁三角关系。

3.3.4 工程顾问公司与业主方的边界

在业主方项目管理+工程顾问模式下，工程顾问公司须拥有具备高度职业道德的五懂型咨询工程师团队，建立清晰实用的全过程项目管理系统及平台，为开发商编制复合型的工程定义文件，向其提供全面、全过程、透明的咨询服务和决策建议，供开发商决策。这种模式下，工程顾问公司应向业主方提供职业责任保险。清华大学土木水利学院的邓晓梅、姜涌教授，已发起成立北京共筑互助保险社，将为此发挥重要作用。与国际模式一致，保险公司将为业主授予工程顾问公司更多的信任和权力提供信誉评估和保证。

业主方项目管理+工程顾问模式中，开发商与工程顾问公司职责分明，互为支撑，工作界面清晰，目标一致。后者主要负责"出主意"，恪守本位，不代替开发商职责，不僭越决策，开发商给予咨询方有限信任，甚至在某些方面可授予其否决权。这种顾问关系具有私人属性，不宜招标，初次可通过竞争性磋商确定，宜长期雇佣，双方类似古代的"雇主-师爷"关系。显然，这种管理模式完全不同于监理、项目管理、代建制。

3.3.5 服务依据和服务承诺

全过程工程咨询及最低价中标的核心在于"详定义"，"详定义"的技术经济手段主要有：价值分析、价值分配、复合会审、模拟招标、材料顾问、BIM 技术、大数据、市场化清单等。鉴于我国目前尚没有关于详定义的技术标准，根据市场主体的需要，在有关行业协会的领导下，筑信筑衡联合清华大学、优秀房地产企业等，已开始编制几项团体标准，参见表 2。

全过程工程顾问服务团体标准　　　　　　　　　　　　　　　**表 2**

序号	团体标准名称	主编团体	主管单位
1	《全过程工程咨询服务技术导则》	清华-筑信筑衡	中国勘察设计协会
2	《房屋建筑工程定义文件编制指南》	清华-筑信筑衡	中国勘察设计协会
3	《建设工程工程量清单计价规范（BIM 实体量）》	清华-筑信筑衡	

全过程工程咨询顾问，是工程咨询行业最高级的咨询服务，需要咨询顾问团队具有较高的综合素质及丰富的设计、施工、造价、招标、合同等从业经验。鉴于全过程工程咨询服务在国内房屋建筑行业刚刚起步，大部分开发商等建设业主还在观望，建议承揽全过程咨询业务的工程顾问公司，向业主做出实现"质量优，成本省，工期短，效率高"项目目标的具体承诺，比如降低造价几个百分点、缩短工期多少天等，并提供有效的评估手段，以及相应的职业责任保险。同时，工程顾问公司的服务收费应与服务承诺、职业责任保险挂钩。

3.4　本模式对应的业主方机构

3.4.1 业主方项目管理机构扁平化

一条龙业主自管＋自建模式下，开发商的建造管理部门机构见图 7。业主方项目管理＋工程顾问模式下，因为有了咨询顾问公司提供精细化工程定义文件，加之 BIM 技术的辅助作用，大量决策工作被前置化，施工过程管理工作则大大简化，因此开发商就可对其建造管理部门机构进行扁平化改造，参见图 8。这种扁平化的管理体系有以下好处：

1.财务成本、咨询管理、建造管理三大中心相互支撑，相互制约。

2.加强了财务部门对项目成本管理、招标监督的管理力度，便于实行全面预算管理。

3.以内部的"中心"对应外部的咨询顾问公司、施工总承包商，业务、流程、责任均更加清晰。

4.区域公司变成集团公司派出的区域运营中心，更加便于按项目实行核算和管理，有利于加强集团对项目的控制管理。

5.便于吸引优秀的工程顾问商、施工总承包商建立长期的战略合作关系，激励其发挥专业优势，自动自发地分别承担起咨询和施工的责任。

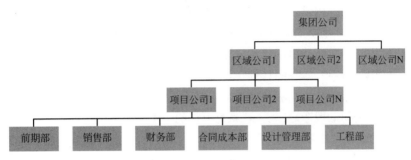

图7 房地产公司建造管理部门现状图

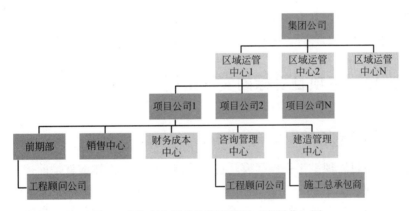

图8 房地产公司建造管理部门"扁平化"图

需要注意的是，房地产企业对"甲方建筑师"等建造管理团队（含建筑、结构、设备等专业）进行成本、合同、招标等综合培训，打造一支"懂设计，懂材料，懂成本，懂施工，懂管理"的五懂型项目管理工程师队伍，是这一模式落地的重要人才支撑。

3.4.2 业主方项目管理机构模拟法人化

有的房地产开发企业集团，鉴于建造管理部门过于庞大，还结合内部创业，探索将建造管理部门继续进行模拟法人化改造，承担全部或部分业主方项目管理职能，甚至把其当作工程顾问公司进行业务委托；也有的公司探索进行法人化改造，即成立独立法人化的项目管理公司，将部分业主方项目管理职能及工程顾问公司业务"外包"给项目管理公司。这种项目管理公司，既可服务于本集团，也可服务于其他开发商。如果能够推行，对于开发商压缩臃肿庞大的管理团队，提高项目推进效率，将产生重要的积极作用。

例如，2017年，万科集团为了改进管理机构，提升管理效率，推出《万科集团内部创业管理办法》，就包括了对建造管理部门的法人化改造的探索，办法"业务约法"一章提出，内部创业的"原则"包括：（1）业务开展必须符合"城市配套服务商导向"；（2）项目有益于万科生态系统建设；（3）业务可复制，并具备形成规模的可能性；（4）坚持市场化竞争原则，不损害万科利益。万科广深区总经理张纪文曾于2016年宣布，"我们计划把区域范围内所有地方公司的设计部、营销部、工程采购部和成本部从万科剥离出去，以团队为单位创建各自独立的公司。未来，万科只是这些公司的股东之一。"这就是万科的"团队公司化变革"。

3.4.3 改善供应链管理

开发商在长期的项目开发中，建立了较为稳定的合作供应商库，包括各种设计商、造价咨询商、施工总承包商、专业分包商、材料设备商——这是开发商的宝贵资源。实施业主方项目管理＋工程顾问模式时，开发商应提供这一短名单，在工程顾问公司的服务下，按照有机式全过程工程咨询理论体系，对这些供应商资源重新进行梳理、整合、采用，改善供应链管理，使其更好地发挥作用。

4. 新模式下项目目标的实现机制

4.1 新模式下的固定总价招标

业主方项目管理＋工程顾问模式对应的招采模式，大体上就是前述一条龙业主自管＋自建模式下的固定总价招标。但与所不同的是，在新型建造管理模式下，开发商只需从事必要的业主方项目管理，即提出要求和目标、提供条件及资金，工程定义文件则委托给更为专业的工程顾问公司代为编制，并为开发商提供招标顾问、流程再造服务，改善供应链管理，降低项目管理成本。

4.2 新模式下固定总价招标的实施程序

新型建造管理模式下的固定总价招标，看似效果好，但成功落实并不是一件容易的事。筑信筑衡与清华大学邓晓梅教授研发、提出以下实施程序——真招标，详定义，早发布，严资审，慎封样，强担保，细评审，最低评标价中标，参见图9。

真招标，指招标人从主观上首先想通过招标的方式选择质量好、履约能力强、报价较低的投标人，拒绝假招标及围串标行为。招标人可通过详定义、强担

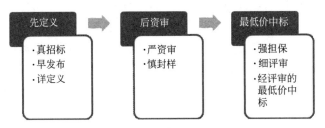

图 9　新型建造管理模式的实施程序

保、细评标等系统措施杜绝各种形式的围串标行为，使得投标人的思想与行为从招投标开始即受到严格的制度约束。

详定义，指招标人发布的招标文件需做到精细化项目范围定义，这是最低价中标圆满成功的必须前提。调研发现，过去最低价中标出现的各种问题，无不是招标文件简单粗糙、漏洞较多，招标标的物描述及各方责任的约定等未做到详定义。精细化工程定义具体包括"公道、完整、清晰"。

早发布，指招标人要尽可能提前（如大型国际工程项目一般给半年以上投标时间）发布招标信息，广泛接受意向投标人报名、咨询，并实行资格预审，就可以低成本地找到所需数量和资质的潜在投标人。

严资审，指招标人可遵照"熟悉、可靠、积极"的资审原则，通过考察、资信查证、谈话、承诺等方式，根据《招标投标法》选择三家以上的合格潜在投标人，确保通过资审的任何一家中标后都有能力、有自信履约合同。必须指出，由于我国市场主体诚信体系尚不完善，加之存在大量的挂靠、承包行为，为保证低价法的成功，应配套进行更严格的资格预审，并辅以强担保。

慎封样，为鼓励优质优价，配合细评标中的优质优价加分，招标文件及施工合同须设置严密的封样及质量挂钩等评审制度，封样分材料封样和施工样板封样。对那些质量封样及质量承诺水平较高的企业，可予以加分，并且按封样验收、考核、结算。

强担保，是指招标文件及合同要约中须配套设置合理有效的履约担保，这是投标人中标后保障项目质量和进度目标、防止停工扯皮的必要手段，对恶意低报价也是一种有效约束。

细评标和最低价中标，指在详定义、严资审、慎封样和强担保条件下，遵循经细评审后的最低评标价原则，按照招标文件规定的评定标办法，经科学评标确定中标候选人。实施中要求评标过程必须留出充裕时间，通过清标、询标、单价评审、电子化评标等手段进行细评标。这里，投标人高怕不中、低怕亏钱的"两难"心理，可迫使投标人根据自己企业的成本加一定的利润报出一个相对合理的低价。这种招采模式可逼迫投标人建立企业定额，以准确预测成本，做到合理报价。而至于投标报价是否低于投标人的成本，只有他自己知道。通常，上述报价约束机制、专业评标以及投标保证金等措施，即可有效抑制投标人的围串标、恶意低价、恶意不平衡报价等不当行为。

在这一机制下，施工方会恶性低价抢标吗？不会。因为投标前有工程定义文件约定，投标时有评标手段制约，施工过程有履约担保保证，竣工后有履约诚信评价约束。在这些配套措施约束下，投标人主观上不会恶意低价抢标，客观上，即使低价也未必能中标[9]。

4.3 新模式下"质量优，成本省，工期短，效率高"的实现机制

以上实施程序，也是实现"质量优，成本省，工期短，效率高"项目目标的核心技术和原理所在。

质量优，指通过这种"真招标，真竞争"机制，靠关系、走后门的施工企业必然被淘汰，有实力、善创新、讲诚信的企业自然胜出。承包商为了继续在老客户处下一次的"严资审"中能够过关，继续获得投标资格，自然会使出浑身解数把在建的工程质量干好，自动自发地兑现合同承诺，主动承担起工程施工的全部责任。而与低价中标配套的强担保措施，也可为实现质量优等合同目标提供增信保障。

成本省，首先，基于价值分配、复合会审、BIM 技术等技术经济手段，实现工程定义文件的精细化，减少各种标前定义文件之间的错、漏、碰、缺。最低价中标机制也倒逼工程定义必须做到精细化。然后，在业主提供的短名单（有的是工程顾问商提供）中，按照有机式全过程工程咨询理论体系，通过"先定义，后资审，最低价中标"招采机制，对各家的报价作出价值判断和价值管理，以价格竞争降低工程建设成本。——这一整套透明化的程序，杜绝了量大价高材料、专业工程的平行分包或甲供甲指，减少了各个环节寻租腐败的可能，必然可显著降低工程建设成本。由于项目公司部门减少，工程技术、经济管理人员压缩，因而项目管理成本也将显著降低。

工期短，由于标前定义足够详细，设计变更减少，材料、专业分包的招标采购均由承包商独家决定，扯皮自然减少，工期必然缩短，决算速度也快，也有利于及早形成决算工程款的支付依据，解决决算久拖不决及农民工工资拖欠问题。

效率高，在业主方项目管理＋工程顾问新型管理模式下，按照市场经济的逻辑和机制，工程顾问公司、承包商为了继续获得合作的机会，必然会自动自发地履行好合同责任，发挥专业优势，让开发商业主满意。即使工程上出了任何问题，责任一般是工程顾问商或承包商的，绝不再会无辜地蔓延到开发商身上。而由于"买家不如卖家精"，工程顾问商、承包商在工程建造方面的专业能力一定比开发商强，出问题的概率将大大降低，加之，配套的职业责任保险可化解工程顾问公司的履约风险，工程担保则可分解承包商的履约风险。这种管理制度和机

制，必然能够提升业主的投资效率和项目运营效率。

另外，在这一实施程序下，乙方依靠价格优势中标，只有正常经营管理利润，没有超额的投标利润，也自然就没有了回扣、承诺等支出的来源。在这种制度下，评定标权实际上交给了价格竞争机制，各级人员不再拥有人为定标的权力，因此乙方不可能去贿赂或感谢谁。能够使各级经理人员自证廉洁，提高他们的职业荣誉感，使得他们敢于决策，快速决策，有利于促使各干系方共同建设和谐健康的工地文化。

5. 新型/传统建造管理模式项目案例比较

5.1 样本项目简介

5.1.1 新型建造管理项目：业主方项目管理＋工程顾问模式

某南方大型开发商在某二线城市的商品房小区，普通装修直接入住，地上11层，无地下室，共7栋楼，建筑面积57763平方米，部分一层为商铺，层高2.9米，檐口高度35.6米，钢筋混凝土剪力墙结构，灰土挤密桩。招采模式为固定总价招标。2010年6月1开工。施工期的钢材加权平均价格约4800元/吨。

5.1.2 传统建造管理项目：一条龙业主自管＋自建模式

类似标准的商品房小区，同城、同期、另一本地开发商。普通装修直接入住，地上11层，无地下室，共5栋楼，建筑面积70343平方米，部分一层为商铺，层高2.9米，檐口高度35.5米，钢筋混凝土剪力墙结构，灰土挤密桩。

招采模式为费率招标＋平行分包，开挖土动工，费率下浮10％，量大价高材料设备及门窗、电梯、消防等专业工程，全部由开发商另行分包，承包商取3％的配合费。2010年5月1开工。施工期的钢材加权平均价格约4800元/吨。

5.1.3 两项目的工程范围、内容及装修标准

两个比较研究项目的工程范围、内容、装修标准基本相同，系同口径比较研究。工程范围均包括散水以内的土建、装饰、给排水、采暖、强电、弱电、消防、预埋套管、电梯等图纸范围内所有内容。

两个项目的交房标准基本相同：公共部分、户内客厅、厨房、卫生间、阳台地面均为陶瓷地砖，卧室为木地板；厨房、卫生间、阳台墙面为釉面砖，顶棚为埃特板吊顶，其余墙面均为乳胶漆墙面；门窗为塑钢门窗（80系列）；外墙为8厚聚合物水泥砂浆贴外墙面砖；飘窗窗台石材，厨卫间、阳台洁具、灯具、橱柜、吊柜、浴帘浴杆、晾衣架等均安装到位；水、暖、电设施为市场中等品牌；三菱电梯。

5.2 结算造价比较

5.2.1 新型建造管理项目结算造价：参见表3。

＊＊＊工程结算造价　　　　　　　　　　　表3

序号	专业\项目	土建工程（元）	电气工程（元）	采暖工程（元）	给排水工程（元）	合计（元）	备注
一	合同价	63110320.35	4373344.29	3139102.59	3195955.25	73818722.48	
二	变更、签证等						
	变更、签证	4811940				4811940	
	合计	67922260.35	4373344.29	3139102.59	3195955.25	78630662.48	
三	各专业造价(建筑面积57763m²，单位：元/m²)						
1	单方造价指标	1175.88	75.71	54.34	55.33	1361.26	
2	专业工程指标	86.38%	5.56%	3.99%	4.06%		

5.2.2 结算造价比较

新型管理模式项目，竣工结算价为7863.07万元，单方造价1361.26元/平方米，施工单位项目毛利润约4%。其中，变更签证仅48.19万元，占结算价的6.12%。

传统管理模式项目，竣工结算价为12946.28万元，单方造价1840.45元/平方米，施工单位项目毛利润约14%。其中，变更签证2770.44万元，占结算价的21.4%。

单方结算造价同口径比较，新型模式比传统模式造价降低，即"成本省"26.04%。

5.3 "质量优，成本省，工期短，效率高"项目结果评估

综合比较，采用新型建造管理模式的工程质量明显提高，小业主投诉极少，项目建成后温家宝总理还进行了视察。工期缩短了35%，结算时间提前一年，参见表4。传统模式的弊端、缺陷及其原因此处不再赘述，以下对新型建造管理模式的项目结果、做法、不足予以总结评估。

新型/传统建造管理模式项目结果比较表　　　　表4

	质量	成本	工期	效率	结算	业主方管理
新型建造管理模式	优良	1361.26元/m²	13个月	运作有序	3个月	责任清晰
传统建造管理模式	合格	1840.45元/m²	20个月	压力山大	15个月	责任不清

5.3.1 先定义

1. 做好详定义：项目立项后，开发商决定实施全面预算管理，实行真招标，及真正的施工总承包。即希望借助国际先进的工程咨询顾问，通过招标选择价格低、工期短、质量承诺优、履约能力强的承包商，并将散水之内的所有工程内容全部予以发包，不进行任何形式的平行分包和肢解。该开发商老板提出，"定义不到位，坚决不发标。"在工程顾问公司的协助下，开发商首先进行详定义。具体做法是，拿到施工图后、招标前，投入大量精力、人力，采用价值分配、复合会审等技术经济手段，编制精细化、复合式的工程定义文件，包括施工图纸、工程量清单（仍为定额化清单）、材料说明书、招标文件（含施工合同），耗时六个月。回头总结认为，这个时间投入是十分必要的，为缩短工期、减少变更、专注工程质量奠定了基础。

2. 解决"材差"问题：为了杜绝暂定价及认质认价，材料说明书及招标文件规定，A 类材料设备由开发商在标前实行集团采购，如木地板、地砖、内外墙瓷片等，然后实行甲指；B 类材料明确规格型号及三个同档次品牌，承包商在此基础上自主报价，如电缆、电线、开关、灯具、阀门、卫生洁具、门窗等；C 类材料完全自主报价，如钢材、混凝土、防水材料、保温材料、地材等。甲指、定品牌范围材料，发包方提前做好材料封样，材料进场时严格按样验收。

3. 解决"量差"问题：投标交易阶段，三个投标企业各自计算工程量，与发包方公开核对，共同确定一个公认的清单工程量，作为各投标人报价的依据，结算时只计算变更工程量。

4. 本工程散水之内，从挖土至精装修交工的全部工程内容，业主方除部分甲指材料设备外，再无其他任何平行分包等肢解行为，是真正的施工总承包。

5. 保证工程款支付：本项目无预付款，不垫资，按月进度 90% 付款，免除施工方对资金的后顾之忧。

5.3.2 后资审

提前三个月公开发布报名信息，做到早发布。招标方甚至亲自约访当地优秀的承包商，说明新型建造管理模式的优势和具体做法，恳请合作。按照"熟悉，可靠，实力"的原则，通过反复沟通，多次淘汰，选择三家真正理解开发商项目管理模式、愿意进行竞争性报价的施工总承包企业。从报价结果看，中标的最低价比另外两家低约两三个百分点，说明价格竞争较为激烈，中标价对发包方较为理想，施工方的最终毛利率仅 4% 也证实了这一点。

5.3.3 最低价中标

在详定义、严资审、慎封样的基础上，本项目评标时间达十天，做到了细评标。通过反复的清标、询标、承诺，保证投标报价口径统一，评标过程公平、公正，绝对排除了围标的可能性，剔除了一切可能的不平衡报价。施工过程虽然没有履约担保，但甲乙双方均自觉严格履约，整个施工过程未出现任何扯皮和不诚信行为。未中标单位对评定标结果也完全服气。

5.3.4 效率高

新型管理模式下，开发商抓住详定义这一命门，将全部材料设备及专业工程通过招标机制承包给了施工方，自己只负责按样品验收，堵住了材差、量差、定额子目不平衡利润、恶意索赔、恶意变更的后门，打开了管理费、利润的前门，施工方取财有道。因此，从机制上杜绝了各种可能的材料或专业工程寻租，各级管理人员也能自证廉洁，项目各干系方均决策快，效率高。各方诚信履约，自律自爱，基本杜绝了拉关系、人情材料等现象，工地文化和谐健康，文明有序。

5.3.5 业主方管理能力提升

传统管理模式下，开发商既是投资业主，也是建造商，也没有全过程的工程顾问公司，甲方与乙方，设计与施工，专业承包与总包，混为一谈，责任不清，业主方管理部门自然成了消防队，到处救火，出了问题却难以追责；新型建造模式下，质量、安全、工期、环境等责任均转移至施工总承包方承担，业主方项目管理的重点工作只是完成详定义，并承担建设手续、环境协调、资金保障等职责。从结果看，甲方管得少，但管得好了。

5.3.6 本新型模式项目的不足之处

1.工程定义文件的详定义，由业主与设计公司、工程顾问公司共同完成，配合过程较为繁琐。改进方法：由工程顾问公司统一完成，独家承担设计、定义及项目管理责任。或设计方由业主指定，但须由工程顾问公司管理。

2.工程量清单仍然使用国家统一的定额化清单，计量计价工作繁琐。改进方法：采用市场化清单。

3.甲方集采并甲指的材料设备偏多，增加了业主方的协调工作量。改进方法：编制材料说明书时，充分考虑开发商的供应商短名单，全部材料设备及专业工程由承包商报价、采购。

4.本项目实行信誉担保，无预付款，开发商未要求承包商提供履约担保。虽然合作过程、结果均较为良好，但作为一套可复制推广的工程建设组织管理模式，必要的履约担保仍然是必须的。改进方法：承包商以履约保函方式提供工程担保，工程顾问公司提供职业责任保险。

参考文献

[1] 国办（2017）19 号文《关于促进建筑业持续健康发展的意见》[Z].

[2] 王宏海 邓晓梅 申长均.全过程工程咨询应以设计为主导，建筑策划先行 [J].中国勘察设计.2017（7）.

[3] 建标［2014］142 号文件《关于进一步推进工程造价管理改革的指导意见》[Z].

［4］王宏海 王宏武.房屋建筑需要什么样的全过程工程咨询？［J］中国勘察设计.2018 年第 6 期.总第 309 期.

［5］王宏海 强茂山.为低价中标正名［N］.建筑时报.2017 年 10 月 16 日.

［6］王宏海.全过程工程咨询与建筑师负责制认知［J］.中国勘察设计.2018（10）.

［7］陈武 李优平 李斌.施工临建设计专项研究.本书.

［8］蒋兆祖等.国际工程咨询［M］.北京：中国建筑工业出版社.1996.

［9］王宏海 强茂山.为低价中标正名［N］.建筑时报.2017 年 10 月 16 日.

论市场决定工程造价机制

——重新学习建标［2014］142 号文件①

建标［2014］142 号《住房和城乡建设部关于进一步推进工程造价管理改革的指导意见》（简称 142 号文）是造价行业一个里程碑式的重要文件。文件提出工程造价管理改革的"主要目标"是，"到 2020 年，健全市场决定工程造价机制，建立与市场经济相适应的工程造价管理体系。"

工程造价涉及投资方、承包商等各干系方核心利益，是全过程工程咨询的灵魂。正确认识造价管理与定额利弊，对于剖析我国建筑行业现状，推动中国建造、中国咨询与国际接轨，具有十分重要的关键意义。时隔四年，结合学习《国务院办公厅关于促进建筑业持续健康发展的意见》（国办发【2017】19 号）文件，重温 142 号文第三条，"（三）健全市场决定工程造价制度：全面推行工程量清单计价，完善配套管理制度，为'企业自主报价，竞争形成价格'提供制度保障。"笔者体会到，"企业自主报价，竞争形成价格"，正是实现"市场决定工程造价机制"改革目标的具体路径。

在房屋建筑及市政公用工程领域，"企业自主报价"需参照企业定额；"竞争形成价格"要建立竞争机制。——那么，企业定额、竞争机制的现状如何？

距离 2020 年只剩一年时间，142 号文件落实情况如何？实现"健全市场决定工程造价机制"目标，还需做哪些工作？这些问题，值得造价行业乃至建筑行业总结、思考。本文通过再次学习 142 号文，试做一解析，供有关方面参考。

现状：国家定额与定额化清单

建筑工程定额制度，是计划经济时代，计划部门编制计划、估算、概算、预算及给施工方下达施工任务时，进行人、材、机、管理费等工程成本核算及拨付款的依据，是计划经济体制下工程建设的重要核算依据。原国家计委专门设立基本建设标准定额局，其业务上世纪八十年代中期划归原建设部，成立标准定额司。随着我国市场经济改革的不断深入，标准定额司职能在不断调整，定额的作用也在不断发展和演变。正如标准定额司王玮司长指出，20 世纪 80 年代建设行

---

① 作者：王宏海，本文系首次发表。

政主管部门就提出了"市场决定工程造价"目标，造价管理部门多年来为此做了大量工作。

2003年，房建装饰安装市政园林工程实行工程量清单制度，但是由于"竞争形成价格"的招投标制度至今未能配套建立，使得工程量清单的后续改革未能有实质性进展，现行清单体系只是以清单形式表现的定额，被专业人士诟病为"定额化清单"，这种现象被叫作"清单定额化"。

这里所说的"定额"，习惯上也被叫作国家定额，包括估算指标、概算指标（定额）、消耗量定额、价目表、规费等，是由政府造价管理部门组织有关方面，采用一定的技术经济手段定期测试、调整，以政府名义统一发布的技术文件，在国有资金投资工程中须强制性使用。现行所谓的"定额"主要包括：国家工程量清单计价规范，省（市）工程量清单计价规则、消耗量定额、价目表、费用定额、概算定额（指标），地方政府建筑材料信息价、造价调整文件，等。

按投资来源不同，工程项目可分为国有投资工程和非国有投资工程（以房地产为代表）两类。不论哪一类工程，工程造价与招投标、合同管理制度均紧密相关，相互勾连。

对于国有投资工程，142号文仍沿用了传统造价管理的定额思维，"（五）建立与市场相适应的工程定额管理制度：明确工程定额定位，对国有资金投资工程，作为其编制估算、概算、最高投标限价的依据；对其他工程仅供参考。"文件这一条有悖于142号文"市场决定工程造价"目标，与"市场"经济并不"适应"，对建立价格"竞争机制"形成了"挤出"效应，可能是当时的一种过渡考虑。这是因为，市场经济条件下定额完全是施工企业内部的事情，不需要像计划经济时代那样由国家出面编制统一的定额。改革出路是，深化工程量清单制度改革，落实国办19号文"竞争形成价格"的招投标制度，发展企业定额，废除国家定额，改革"清单定额化"为"清单市场化"，实现造价管理市场化、国际化。

对于非国有投资工程，虽然142号文件指出定额"仅供参考"，"放"看似放了，但政府部门必要的"管"和"服"却并未跟上。比如，至今也没有适用于非国有投资工程的清单计价及合同制度。由于没有所需的"市场化清单"可供使用，非国有投资工程的招投标，就只能使用"定额化清单"，且用法五花八门，各行其是，急需政府造价管理部门提供服务和监管。

讨论定额去留问题时，经常会被质问：没有定额，怎么审计？没有最高投标限价，如何控制国有投资工程的价格？最低价中标就不怕围标？其实，看看开发商怎么做就明白了。市场经济的回答是，依施工合同进行审计，以招标竞争控制价格。

定额化清单的弊端

在定额制度下，政府造价管理部门组织定额消耗量测定，这是计划经济时代的思维和做法。施工现场管理的常识告诉我们，在市场经济条件下，不同企业的消耗量、成本价皆不相同，有的相差达20%或更多，加之新材料、新技术、新工艺不断出现，定额测定难免失真、滞后。这种政府管理部门组织测定的平均消耗量、材料市场价，不但难以做到准确、及时，还必然形成所谓的"定额子目利润不均衡"现象，造成定额制度的种种弊端。

"定额子目利润不均衡"现象，指一些省（市）定额的部分子目综合单价、政府材料信息价等价格，与市场实际价格之间存在较大的正、负差。正数的，该项子目或材料，承包商就赚钱，毛利甚至达到50%以上，比如桩基、消防设备等；负数的，可能赔钱，亏损甚至达到50%以上，比如抹灰、砌砖、砂石材料等。这点施工企业的成本人员都知道，这是定额制度的先天不足，说明源于施工企业内部成本核算的定额制度，并不适宜于项目业主和承包商之间的市场交易之用。

大量案例实践证明，"定额化清单"管理制度主要存在以下弊端：

1. "定额子目利润不均衡"，造成了工程造价的扭曲，导致工地乱象丛生。例如，承包商受利益驱使，必然设法影响业主、设计、监理等各方，多增加定额子目利润大的设计变更，尽量减少定额子目亏损的工程内容。这种"定额教唆"产生的恶意变更、恶意索赔，扭曲了正常的设计落地，影响各干系方的互相信任，严重干扰了项目管理秩序。甚至，有的承包商搞恶意不平衡报价，在投标报价中抬高主体报价，压低装饰、安装报价，中标后千方百计要挟甲方和设计方对装饰、安装工程进行大量变更，相应的子目再按照定额单价重新计价，形成不当获利。

2. 致使一些业主将定额子目利润大的量大价高材料设备及专业工程肢解，划分为土方、桩基、主体、安装、装饰、专业工程、材料设备等众多分部工程，由业主在总承包招标之外另行组织招标或议标，造成了工程管理的离散化，影响建筑行业高质量发展，也形成大量潜在的腐败机会。

3. 承包商以弥补某些定额子目综合单价亏损或定额人工费亏损为理由，要求业主方认质认价时以"材差"弥补，而定额亏了多少、材差应补多少，完全是一本糊涂账，结果是"会哭的孩子有奶吃"、"前门无利，逼走后门"，认质认价过程形成多环节寻租，水变得更浑。

4. 客观上限制了承包商编制企业定额的积极性。这是因为，由于定额与最高投标限价捆绑的导引作用，中标价无非是以最高投标限价为基础下浮多少个点，承包商投标根本不需要企业定额。事实上，甚至连*建集团这种世界五百强建筑企业都没有自己的企业定额。而大型建筑企业据此均实行收取管理费点位的"税务局"式管理，这种管理看似简单，却不能产生规模化效益，严重影响了施工企业的集约化经营，造成大而不强，优不能胜，劣不能汰，影响建筑业真正凭实力

"走出去"。

5.导致国有投资工程招投标出现严重的产业化、蝗虫式围标现象。客观上，正是由于定额价目表＋最高投标限价的捆绑，在很大程度上限制了"竞争形成价格"，为投标掮客组织产业化围标提供了赖以滋生的温床，建设单位和施工企业都苦不堪言，而造价管理部门却为此背了锅。定额还被财政评审、审计、造价调解、司法鉴定等机构作为其工作的重要依据，而且其作用还得以继续强化，增加了造价市场化改革的难度。

6.在定额制度下，由于缺乏价格竞争机制，建筑市场主要是竞争"关系"，不是竞争创新和管理，造成国有投资业主不能自证廉洁。因此资格预审时，项目业主不敢让民营建筑企业入围参与投标，更遑论中标，造成了对民营建筑企业发展的挤出效应。

7."费率招标"死灰复燃，扭曲了工程建设组织模式的创新。当前，国家正在推行工程总承包和全过程工程咨询，但是，客观上由于"清单定额化"的支持作用，住建部早已禁止的"费率招标"再次被追捧。目前，房屋建筑工程总承包大多就采用"费率招标"，使得建筑设计企业无心于本该其主导的全过程工程咨询，却热衷于搞联合体工程总承包，目的只是为了搞产值、获取固定点位的管理费；造价咨询企业不去深入研究工程建设的实际施工成本，却热衷于"主导"推进全过程工程咨询，目的是为了参与国有投资工程招投标、PPP项目的利益分配。这种缺位和错位并存，不能带来任何核心竞争力，而且将扭曲、破坏建筑行业的创新发展。

8.建筑院校学生、各级工程技术人员，从学校到资格考试，学的用的都是定额，造成只懂定额、不懂成本的现状，这种造价教育"令人担忧"。

改革出路：企业定额与市场化清单

2015年10月中共中央、国务院《关于推进价格机制改革的若干意见》指出，"价格机制是市场机制的核心，市场决定价格是市场在资源配置中起决定性作用的关键"。建筑房地产业是国民经济发展的重要支柱行业，工程造价是国民经济发展的重要价格，目前国有、非国有投资工程事实上仍然是价格"双轨制"，因此，这一文件对建筑行业造价改革有很强的现实意义。

对于国有投资工程，建立竞争形成价格的招投标制度，实现"竞争形成价格"，是绕不过去的首要任务。而竞争机制如何建立，国办19号文已指明了方向——"对采用常规通用技术标准的政府投资工程，在原则上实行最低价中标的同时，有效发挥履约担保的作用。"这与《招标投标法》第四十一条第二款规定的"经评审的投标价格最低"相一致。但是，由于"最低价中标"长期被污名化，以及各种利益藩篱的羁绊，预计要落实 19 号文件这一条，真正实现"竞争形成价格"，还需要较长时间，而伴生的"清单定额化"制度就仍将继续保持现状。

突破口在于在非国有投资工程领域。对于非国有投资工程尤其是房地产工程，可以率先推行造价市场化，即以"清单市场化"取代"定额化清单"，加快建立市场决定工程造价机制。这与推行全过程工程咨询、固定总价招标、最低价中标互为犄角，有效配套，不但是可行的，也是必要的，一定会受到房地产企业等广大非国有投资业主的欢迎。具体可先在个别项目试点应用，并在部分企业集团的内部市场推广，形成"诚信生态岛"小气候，然后在房地产行业推广，产生鲁布革式的冲击效应，再逐步推广至国有投资工程。

目前，非国有投资工程由于没有"市场化清单"体系可供使用，只能使用政府部门颁布的"定额化清单"，但主要用途也只是勉强用作计量，且有待完善和规范。关于计价，虽然开发商基本上是竞争形成价格，但各搞一套，缺乏全国统一规则，效率低下。比如，恒大集团仍采用落后的费率招标，万科等采用总价招标，但量大价高材料设备及专业工程仍普遍实行平行分包，即所谓的"集采"，但其弊端已日渐显现，房地产企业渴望通过政府管理部门推行造价和招投标、合同管理改革，提升业主方项目管理能力，将建造及交付责任转移给施工总承包企业，自己专注于拿地卖楼等经营发展业务。

所谓企业定额，指施工企业根据本企业的施工技术和管理水平而编制的生产一个规定计量单位工程合格产品所需人工、材料和施工机械台班的消耗量标准。在市场经济条件下的表现形式通常是，材料设备、劳务承包、专业承包、施工总承包等各层级企业，完成一定"承包单元"工程量给上游企业的竞争报价，对上游企业属于成本，因此也叫成本定额。各企业成本定额的深度、形式、单价不同，体现了各自的综合管理水平和竞争实力。各层级企业在一层一层的招投标竞争中，通常须参考企业定额（注意不是国家定额），并结合对本次投标的积极程度，层层报价，中标价即为合同价，这就是"成本法"。这种招投标制度中一般不设置最高投标限价，评定标采用国际招采模式"先定义，后资审，最低价中标。"这种模式下，招标人把自己评定标的"权力"事实上交给了投标人基于"详定义"的价格竞争——这正是 142 号文件所提出的"企业自主报价，竞争形成价格"的竞争机制，完全符合国办 19 号文件通用技术标准的政府工程实行最低价中标的规定，也就是吴佐民所说的"市场法"。

为了加快造价市场化改革步伐，满足广大开发商对"市场化清单"的迫切需求，有关方面联合优秀地产企业，已正在编制"市场化清单"团体标准——《建设工程工程量清单计价规范（BIM 实体量）》，就是以"简明实用，管好量，放开价，国际化"为准则，用 BIM 技术计算实体工程量，以各层级"承包单元"内容作为清单子目，形成清单计价模式。比如，现浇混凝土子目综合单价＝预拌混凝土公司的混凝土入模单价＋劳务公司的人工费承包单价＋施工总承包企业的综合管理费、利润。这种"市场化清单"类似所谓的"港式清单"模式，其清单内容与企业定额、清单报价与市场价，口径一致，一气呵成，克服了"定额化清单"的所有弊端，也是推行最低价中标的基础，二者相辅相成。

如前所述，在定额制度下，施工企业报价以定额价目表＋最高投标限价为导引，与企业定额无关，投标报价与企业成本价（即市场价）分裂，造成施工企业实际成本数据的巨大浪费。只要改革"定额化清单"为"市场化清单"，大力培育市场竞争机制，市场之手自然会促使施工企业完善自己的企业定额，这些沉睡的数据对建筑行业将会发挥巨大的作用。

关于"估算、概算与最高投标限价、合同价、结算价"

142号文件"（七）完善工程全过程造价服务和计价活动监管机制"要求，"建立健全工程造价全过程管理制度，实现工程项目投资估算、概算与最高投标限价、合同价、结算价政策衔接。"

关于估算、概算，也是以所谓的估算指标、概算定额（指标）为计价依据。研究发现，"结算超预算，预算超概算，概算超估算"三算失控问题难以解决，部分原因就在于估算、概算本身不准确，其计算依据不科学。事实上，这种计划经济残留的定额，对估算、概算的指导作用已近乎失效。出路在于，落实142号文件"（六）改革工程造价信息服务方式：建立国家工程造价数据库，开展工程造价数据积累，提升公共服务能力。制定工程造价指标指数编制标准，抓好造价指标指数测算发布工作。"特别说明，过去以来，国有投资工程的工程造价估算、概算、结算、决算数据，主要分部于各级财政评审机构，建议联合财政部门，加强造价数据的收集、研究、积累，"建立国家工程造价数据库"，供国有投资工程的估算、概算之用，现行的估算、概算定额或指标则应逐步予以废除。同时，多年来，房地产企业也积累了海量的工程造价数据，更加富有价值，急需收集、整理、发布，作为非国有投资工程乃至国有投资工程估算、概算的参考指标。这就是吴佐民所说的决策和设计阶段预计造价的"指标法"。

关于最高投标限价，前面已做了较多的分析阐述，此处不再赘述。需要补充说明的是，最高投标限价事实上已替代了传统的施工图预算即预算的作用。

关于合同价、结算价，中标价就是合同价，合同价加减变更签证，就是结算价。其中，中标价是报价互相竞争产生的，企业成本仅仅是报价的参考。甚至，为占领某市场，投标人低于成本报价，招标人也是可以接受的。需要指出的一个突出问题是，"定额子目利润不均衡"造成大量设计变更、认质认价，使得结算价与合同价之间常常存在较大的差距，造成三算失控。而且，还造成结算久拖难决，直接导致工程款拖欠，加大了农民工工资问题的难度。

实现"工程项目投资估算、概算与最高投标限价、合同价、结算价政策衔接"，需要落实142号文件规定，"注重工程造价与招投标、合同的管理制度协调，形成制度合力。"这就要求造价行业按照市场经济的逻辑，围绕142号文"企业自主报价，竞争形成价格"核心内容，转变观念，有所作为，落实国办19号文"原则上实行最低价中标"，尽快理顺工程造价与招投标、合同的关系。

142号文还提到，"推行工程全过程造价咨询服务，更加注重工程项目前期和设计的造价确定。"说明造价行业较早就具备了全过程咨询的超前意识。今天，结合推行全过程工程咨询，造价行业应以业主长远利益为依归，专注造价服务这一产业链定位，与建设、勘察设计、监理、施工、全过程工程咨询等各市场主体恰当协调，创新服务模式，为业主方实现"质量优，成本省，工期短，效率高"项目目标贡献产业链价值。

全过程工程咨询与建筑师负责制的基本认知①

推行全过程工程咨询的背景

全过程工程咨询是工程建设领域的国际惯例，是针对我国工程咨询的碎片化现状而着重强调的一种咨询服务模式。2017 年国家开始推行全过程工程咨询，主要有三个背景。

一是"一带一路"项目需要。"一带一路"项目需要以中国投资带动中国建造"走出去"，以中国建造带动输出中国制造。但是，在中国建造中，工程咨询服务技术标准与国际不接轨，是制约因素。

二是建设业主的需要。传统碎片化咨询服务已不能满足各类建设业主的需要，比如房地产企业出于无奈，在集团内部实行"一条龙业主自管模式"，但组织过于庞大，管理成本较高。而政府业主对现行的碎片化咨询、招投标被围猎的混乱现状十分不满，迫切需要专业透明、自证廉洁的工程咨询服务。

三是工程咨询行业自身发展的需要。设计、造价、监理、招标代理等各类专业咨询企业，均遇到了发展的瓶颈或天花板，目前均呈低水平、同质化竞争，尤其是这些中国咨询服务不能满足国际化、市场化的需要，急需创新突破。

全过程工程咨询与建筑师负责制的关系

比较、研究政府管理部门颁发的各种关于全过程工程咨询、建筑师负责制的文件（征求意见稿），可以发现，在房屋建筑工程领域，全过程工程咨询与建筑师负责制的定义、内涵等基本相同。可以说，建筑师负责制就是全过程工程咨询在房屋建筑工程领域的落地形式。

全过程工程咨询（建筑师负责制）是与国际接轨、与市场接轨的工程咨询制度。建筑师负责制，实际上也就是国际建筑师业务通用的执业范围，也称为建筑师全程服务，与国际建筑师协会（UIA）、美国建筑师协会（AIA）、英国皇家建

---

① 王宏海，发表于《中国勘察设计》2018 年第 10 期，总第 313 期，为王宏海在 2018 第二届中国工程勘察设计行业创新发展高峰论坛上的主题发言摘编整理，编入本书时经本人修改。

筑师学会（RIBA）的建筑师执业规则和范围基本一致。因此可以认为，全过程工程咨询力求与 FIDIC 接轨，建筑师负责制尽量与 UIA、AIA 看齐。

比如，国际建筑师协会（UIA）职业实践委员会《建筑师职业政策推荐导则》对建筑师职业责任的界定即是，"包括提供城镇规划，以及一栋或一群建筑的设计、建造、扩建、保护、重建或改建等方面的服务。这些专业性服务包括（但不限于）：规划、土地使用规划、城市设计、前期研究、设计任务书、设计、模型、图纸、说明书及技术文件，对其他专业（咨询顾问工程师、城市规划师、景观建筑师和其他专业咨询顾问师等）编制的技术文件作应有的恰当协调，以及提供建筑经济、合同管理、施工监督与项目管理等服务。"这里，应特别注意"恰当协调"一词的内涵，它准确地规定了建筑师为主的设计团队与其他咨询顾问工程师、城市规划师、景观建筑师之间的关系。

全过程工程咨询的重点、难点、焦点和收费

建议政府主管部门，研究、推进全过程工程咨询，首先须对"工程咨询"一词，给予准确的官方定义。我们认为，工程咨询是一种服务产品，是工程建设的龙头和灵魂，关系到工程项目定义权及产业链话语权，工程咨询按阶段可分为全过程工程咨询和分阶段工程咨询。分阶段工程咨询，包括了我国的专业工程咨询现状业态，如工程咨询（投资）、勘察、设计、造价、监理、代理等，或几者的组合，这些各种专业咨询，未来依然需要，且将长期存在。

全过程工程咨询，须在确定"工程咨询"官方定义的前提下，再给予准确定义。我们认为，对于全过程工程咨询来说，设计是主导，策划是先行，造价是灵魂，重点是工程定义文件（图 1），难点是造价市场化，焦点是施工招投标，落地点是招标文件和施工合同。

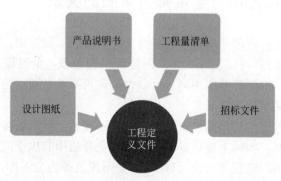

图 1　工程定义文件包含的内容

按完成全过程工程咨询五阶段全部服务内容计，全过程工程咨询项目收费可

视项目情况不同按工程总造价的 7%～11% 与业主协商确定，行业协会应逐步探索、发布收费指导办法。需要说明的是，这一收费是建立在咨询方的顾问服务给业主方能够带来可评估、可比较的造价节约、工期缩短、效率提升的前提下，完全是一种价值法则下的市场定价，不是靠政府发布什么价格，那是计划经济的旧思维。根据筑信筑衡的研究和实践，相比传统的碎片化咨询，全过程工程咨询除了能够提升业主方项目管理能力、简化项目管理之外，还能为业主方节约造价10%～20%，甚至更多，缩短工期 1/5，由此看，7%～11% 的收费业主是愿意支付而且是应该支付的，也接近国际收费标准的 70% 左右。

全过程工程咨询为什么必须以设计为主导

在投资咨询、设计、造价、招标、监理等各咨询方中，设计处在项目全过程的最前端（设计方完成投资咨询优势更明显），居于项目全过程的龙头位置，作为设计团队总负责的建筑师，可以与业主方的"一把手"反复、深度交流。因此，只有设计人员能够及时、准确地把握业主心理，最知道怎样能够实现业主意图，最知道业主有多少钱，在哪个方面愿意多花钱，如何少花钱、巧花钱……总之，包括建筑策划在内的"设计"，是投资者决策的重要依据，建筑师（设计院）是业主最重要的决策顾问，"设计"在很大程度上决定了全过程咨询的结果。因此，全过程工程咨询只有以设计为主导，才能通过设计定义文件及过程中的变化，充分实现业主的建设意图，而造价顾问和监理只能是设计主导下的专业顾问和补充。事实上，在碎片化模式下，也是以设计为主导的，不过主导设计的不是设计方，而是建设业主，尤其是在房地产企业更是如此。

依照国际建协 AIA 关于建筑师职业责任的规定，设计为主导中的"设计"，应包括或"恰当协调"造价、监理等专业咨询，建筑师为主的设计团队应为业主"提供建筑经济、合同管理、施工监督与项目管理等服务。"尽管，目前我国绝大多数的建筑师、设计工程师，尚缺乏主导所应具备的这些素质和能力，但这并不能改变全过程工程咨询应以设计为主导的性质。今后，我国应加强建筑师等设计咨询人员的继续教育，建筑师等设计人员应增加造价、材料、项目管理方面的知识，改革建筑设计教育，使我国的建筑设计服务与国际建筑师负责制体系尽快接轨，更好地发挥建筑师在房屋建筑全过程工程咨询的主导和对其他专业咨询的"恰当协调"作用。

需要注意的是，以设计为主导的全过程工程咨询方，与业主之间应该是顾问关系，而不是"甲乙方"关系，即咨询方提供专业服务，旨在提升业主方的项目管理能力，而不是取代业主方职责和权力。"设计为主导"所指的"设计"，是以业主为中心，由建筑师为首的设计咨询团队与业主共同完成的，不是单纯地做方案或画图纸。这里还须指出，以设计为主导，未必是以设计院为主导，但设计院有天然优势。事实上，谁能"罩"得住"设计"，谁都有可能成为全过程工程咨询的牵头方。比如，有的注册造价师、监理工程师或"甲方建筑师"，拥有设计、施工或甲方管理的专业经验，其素质、能力能够"罩"得住"设计"，他们作为全过程工程咨询的牵头方，领导或协调设计、造价、监理等专业咨询，就没有什么问题。但是，只会套定额进行传统计量计价、合同管理、招投标工作的造价工程师，或者只会从事现场监理，其知识、阅历、职业站位，"罩"不住"设计"，加之其在项目决策和设计阶段未能全面介入，不能接触业主方的"一把手"，因而难以全面、准确地把握业主方的建设意图，因而就不可能主导全过程工程咨询。但是，建筑师团队主导时，必须要有造价工程师的全过程协作，共同参与。清华大学建设管理系邓晓梅副教授，研究台湾的建筑业制度体系而引进的首席监造人概念，就是全过程工程咨询牵头人的很好诠释，值得业界重视。

全过程工程咨询的优势、好处

全过程工程咨询的优势在于，它定位于建设业主的工程项目全过程"置业顾问"，咨询方以项目目标和客户长远利益为依归，通过发挥工程咨询提供商的专业化、集成化、前置化优势，旨在帮助业主提升项目管理能力。全过程工程咨询首先理顺了业主方、咨询方、承包商之间的"铁三角"关系，它抓住了建筑市场治理的牛鼻子，可促使施工方、监理方、造价咨询、财政评审、政府审计等的合规、归位，有利于规范建筑市场治理，还可解决工程领域腐败问题。

全过程工程咨询对工程建设各干系方的好处主要有：

1.提升业主方项目管理能力，提高工作效率，让业主单位"省钱、省时、省心"。案例实践证明，全过程工程咨询可为大型开发商业主节约造价10%以上，为政府项目业主节约造价15%以上，缩短建设周期1/5左右，提升工程质量及建设品质。

2.有助于设计、咨询企业的转型发展。

3.加强政府管理部门的预算评审和管理，提升财政预算计划的准确性。

4.有助于提高建筑市场监管的有效性，尤其是有利于深化造价管理市场化改革，解决招投标乱象。

5.规范建筑市场有序竞争，引导施工企业凭实力、靠价格合规竞争，优胜劣汰。

全过程工程咨询须与造价管理改革同步推进

2015年10月中共中央、国务院《关于推进价格机制改革的若干意见》指出，"价格机制是市场机制的核心，市场决定价格是市场在资源配置中起决定性作用的关键"。无论市场有效配置资源的功能，还是形成激励兼容机制的功能，都要靠自由价格制度实现，《意见》部署的改革具有极端的重要性。《意见》要求，在2017年竞争性领域和竞争性环节价格要基本放开，到2020年市场决定价格机制基本完善。

工程造价就是工程产品的价格。事实上，改革开放以来直至今天，建筑行业包括计量计价、招投标、合同等在内的工程造价管理体制，一直残留着价格的"双轨制"，亟需进行改革。即，国有投资项目实行以定额造价为特征的"计划价"，依据"国家定额价＋最高投标限价"招投标实行综合评估法，本质上仍是延续着计划经济时代的工程计价逻辑。这种计价形式，繁琐复杂，直接导致招投标市场较为混乱，纠纷多，造价高，社会关注，急需改革；房地产、私营业主、世界银行、外资等非国有投资项目，招投标依据最低评标价法，竞争形成"市场价"，这种计价形式操作简单，工程造价低，纠纷少，符合国际惯例，但亟需政府或行业协会出面，制定统一、规范的计价规则。总之，为了在建筑行业落实好《意见》，就需要尽快建立竞争形成造价的机制，形成与市场经济相适应的工程造价管理体系。

2013年前后，造价咨询行业提出了全过程造价咨询的理念。我们认为，造价咨询是全过程工程咨询的灵魂，贯穿项目决策、设计、招投标、监理、竣工等项目管理全过程。工程造价与施工招投标一体两面，互为唇齿，不可分割。目前，宜结合推行全过程工程咨询，对这种双轨制进行改革。具体办法是，全面落实《关于进一步推进工程造价管理改革的指导意见》（建标〔2014〕142号），推行实体量清单全费用综合单价，加快以市场决定工程造价为目标的造价及招投标制度改革，以企业定额取代国家定额，实现造价管理国际化、市场化、规范化。研究和项目实践发现，若不配套推进造价管理及招投标制度改革，不实行"最低评标价中标"，就不会有"详定义、慎封样、细评标"的客观需要，全过程工程咨询（建筑师负责制）的建造逻辑就不能闭合，因而全过程工程咨询就将难以真正推行。即使有，那也是传统项目管理的翻版。

顺便指出，现行计量计价体系是BIM技术推广应用的最大障碍。我2014年曾预言过，推行实体工程量清单体系，是BIM技术大面积、自发应用的充要条件。这是BIM推广慢的主要矛盾，其他都是次要矛盾。这个问题不解决，推广BIM永远都是隔靴搔痒，事倍功半。

全过程工程咨询与工程总承包的区别

全过程工程咨询与工程总承包两者在责任性质、价值诉求、盈利模式和服务采购模式上都完全不同，不可混为一谈。

前者系包咨询，属于包服务，不涉及物质化产品的生产，包括工程咨询（投资）、代建制、勘察、设计、造价咨询、招标代理、工程监理、项目管理等专业咨询服务，提供的是智力型咨询服务，收取的是费，不宜实行价格竞争。

后者系包工程，是一种物质化的建筑生产，提供的是实体化的建筑产品，获取是工程造价，实行价格竞争性招标。

必须注意的是，根据国际 FIDIC 银皮书序言内涵，国际 EPC 工程总承包模式适用于石油化工、能源、污水处理等设备制造供应量较大、产能指标可量化考核的工业项目，一般地并不适用于房屋建筑项目，须防止借推行全过程工程咨询之实，在我国政府工程项目盲目推行工程总承包。

全过程工程咨询的交付成果和服务内容

工程咨询服务商可分阶段交付成果、提供服务，但各阶段的交付成果和服务之间应该有机联系，环环紧扣，也可按全过程交付成果、提供服务。

筑信筑衡参照国际建筑师服务范围，结合国情研究认为，我国的房屋建筑全过程工程咨询可分为五个阶段，各阶段交付成果及包括的十二项服务内容如下：

1. 决策策划阶段

（1）项目建议书，选址意见书，设计任务书，可行性研究报告，建筑策划书，概念方案设计；

（2）项目前期其他咨询：环境影响评估报告，社会稳定评估报告，项目融资方案等。

2. 设计报建阶段

（1）方案设计（附估算），初步设计（附概算），施工图设计（附预算）；

（2）协助或代理业主办理规划报建手续；

（3）施工临建设计与施工。

3. 招标阶段

（1）招标工程量清单，产品说明书，产品封样，招标用施工组织设计，招标文件；

（2）协助或代理业主办理招标报建手续，组织施工方报名、资格预审、发标、评标、定标、签订合同。

4. 施工阶段

（1）监理大纲，批复施工组织设计，批复开工报告，协助或代理业主办理建设报建手续，工程开工；

（2）现场设计监理，合同管理，设计变更，材料按封样验收，材料认质认价，施工过程造价控制，进度款审核，实现"三控两管一协调"目标；

（3）试运行，协助编制竣工图，竣工验收与结算。

5.使用阶段

（1）建筑后评估；

（2）咨询方定期回访。

贯穿全过程工程咨询的一条主线——国际工程招采模式

碎片化咨询条件下，各阶段、各种专业咨询服务之间是分散的，缺乏环环相扣的密切联系，其工程招采模式多数采用综合评估法，它存在如下弊端：由于工程定义分体式描述，导致大量的错、漏、碰、缺，并造成跑、冒、滴、漏，暂定价、变更及二次招标多，决算久拖不决，扯皮多，施工期，造价高，易被围串标。

而全过程工程咨询贯穿着一条层次严谨、逻辑清晰的主线，这就是国际工程招采模式与工程定价体系（图2）——"先定义，后资审，最低价中标"，详解步骤为："真招标，详定义，早发布，严资审，慎封样，强担保，细评标，最低评标价中标。"——这一体系化的国际通行招采模式，将资审、封样、评定标、合同、监理、验收决算等全过程全部串接起来，相互勾连，浑然一体。

图2 工程招采模式与定价体系

有了这一条主线的贯穿，基于招标之前成套的精细化工程定义文件，首先，能够减少各种招标文件之间的错、漏、碰、缺。其次，施工过程变更少，扯皮少，决算快，工期短，业主方管理成本低。通过最低评标价机制形成的工程采购透明化，工程管理中的腐败机会大大减少，业主方可自证廉洁，还有利于提高决策效率。客观上，只有实行经评审的最低价中标，才能对详定义提出精细化要求，倒逼工程咨询做到全过程、有机式，凸显工程咨询的价值。

叠加式全过程工程咨询与有机式全过程工程咨询的区别

筑信筑衡研究发现，在碎片化咨询下，各专业咨询各自为政，由于设计、造价、招标文件相互分离，加之"国家定额价＋最高投标限价"的捆绑，造成了图、材、量、价的分体，导致大量错、漏、碰、缺，各专业咨询方的服务被割裂，导致各责任主体方应承担的责任"漏"到业主身上，业主方项目管理离散而混乱，苦不堪言，有的政府业主甚至因难以自证廉洁，而懒政、不愿作为。

筑信筑衡在国际、国内大量碎片化、全过程案例研究的基础上，初步建立了一套完整的全过程工程咨询的理论体系。我们研究认为，真正的、国际化的有机式全过程工程咨询，与碎片化咨询的最大区别在于，它是用"先定义，后资审，最低价中标"这条主线，将设计、造价、监理、招标等各种专业咨询予以有机串联，实现建设业主"质量优，造价省，工期短，效率高"的项目管理目标。显然，这是一种靠提高效率来实现业主方项目目标的置业顾问式咨询服务模式。尤其是，该模式中施工方基于企业定额报价，靠竞争形式价格。笔者预计，这种咨询服务产品将率先在非国有投资及房地产项目中得到应用。

相比之下，在碎片化咨询乃至叠加式全过程工程咨询条件下，仍然是过去各种专业化、碎片化咨询的拼接，均缺乏这一条主线的有效贯穿，因而不能通过招投标形成的价格竞争，为业主降低工程造价，缩短工期，不能帮助业主方提高管理效率和管理水平，甚至还要业主多支出"全过程工程咨询服务协调费用"，因而不是市场化的工程咨询服务产品。研究发现，叠加式全过程工程咨询，还没有脱离项目管理的认知框架，即使是设计主导，也不应该属于真正的全过程工程咨询。在这种叠加式工程咨询中，缺乏核心技术各种专业咨询之间仍然是离散的，不是有机联系的。从实现的质量、造价、工期等最终结果来看，与传统碎片化咨询也没有多大变化，甚至加重了碎片化程度。因此，非国有投资项目业主是不会采购这种叠加式全过程工程咨询服务的，未来一段时间仍将主要在国有投资项目中应用，那是另一套建造逻辑。

总之，当前刚刚开始探索、推进全过程工程咨询，项目业主必须注意碎片化咨询与分阶段咨询的区别，尤其要防止将碎片化咨询叠加或拼接后以全过程或分阶段咨询的面目出现。同时，全过程工程咨询不是项目管理，也不是代建制，必须防止旧瓶装新酒，将全过程工程咨询扭曲变形而带上项目管理、代建制的老路，重蹈监理制尴尬的困境。

工程项目须分类研究、分类施策

加强建筑市场治理，须对工程项目需分类研究，分别施策，着力于构建业主方、咨询方、承包商铁三角关系，以全过程工程咨询为抓手，助力业主提升项目管理能力。国际上工程项目一般分为国有投资、私人投资两大类，根据我国国情，可分为以下三类：

第一类，国有投资工程。国有投资项目的紧迫任务和难题是，首先解决"真招标"问题，即工程招标的目的是希望通过招投标的形式，竞争选择质优、价低、信誉好的承包供应商，这是国有投资项目推行真正的全过程工程咨询的前提。

换句话说，如果不是"真招标"，就不需要真正的全过程工程咨询，也就无法推行真正的全过程工程咨询。这是因为，只有实行"真招标"，才会倒逼、需要"详定义，慎封样"。

由于众所周知的原因，现阶段我国国有投资项目尤其是政府工程，多数未实行"真招标"，采购的工程咨询是碎片化服务，工程施工按照定额结算。如前所述，2017 年国家推行全过程工程咨询以后，一些咨询服务商提出叠加式全过程工程咨询，仍然是过去各种专业化、碎片化咨询的拼接，其市场仍然是国有投资项目。经调查房地产等非国有投资项目，他们是不会需要这种叠加式全过程工程咨询服务的。按照市场经济规律，他们需要能带来实实在在项目价值的"真全咨"。需顺便说明的是，国有投资项目管理应向大型房地产企业借鉴和学习。

第二类，房地产投资项目。我国的房地产业已进入精细化的发展阶段，房地产企业的业务重点正在回归前期拿地、策划、投融资，后期租售楼的主业，逐步倾向于将中间的工程建造交给更专业的咨询商和承包商完成，与国际房地产项目开发模式趋同，就像过去买毛坯房自行装修，如今更愿买精装房，专业事让专业人干。因此，今后将大力发展基于扩初设计即招标图设计、全过程工程咨询、承包商"工程总承包"的管理模式，这实质上就是国际 DBB 模式。这个是未来设计咨询企业发展全过程工程咨询的重点对象，也是推广全过程工程咨询的突破口。

第三类，非国有投资项目。即民营、外资、世行项目，也包括一部分国有企业投资项目。这类项目的主要矛盾是，建设业主须建立可靠、稳定的全过程工程咨询顾问，重点发展国际 DBB 模式。这类业主和项目，也是咨询企业提供真正的全过程工程咨询服务的重点客户。事实上，许多非国有投资建设业主都拥有自己稳定、长期的设计、咨询服务提供商，这是和国际惯例一致的。

设计、咨询企业如何推进全过程工程咨询

创新，须抓好三要素，即人才、产品、市场，且须一把手亲自抓，投入精力、人力和资金。

一是打造复合型人才团队，组建设计、造价、招标、监理、项目管理、项目前期等相融合的专业人才团队，强化培训，尤其是召回那些被开发商挖走的同事，那些"甲方建筑师"。

二是树立产品研发意识，聚焦细分领域，做出自己的经营特色及核心专长，

如医疗建筑、机场建筑等。

三是抓市场承揽，尤其是承揽到第一个真正的全过程工程咨询项目，并作为示范项目重点完成。这里是指"真全咨"项目，非常不容易找到、拿下。所谓叠加式全过程工程咨询项目，容易拿到，也很多。

具体怎么样抓市场？

首先，产品研发要扎实，做好技术准备和组织准备，同时以联合体或合作方式解决资质问题。初期的示范项目，应以社会资本、中小房地产企业为服务目标，不宜在政府投资项目中寻找目标。

其次，全过程工程咨询企业如何获得业主的超级信任？这首先需要全过程工程咨询方，摆正自己的全过程咨询顾问地位。顾问方是通过交付咨询成果及相应的服务来发挥专业顾问的作用，既不是管理承包，也完全不同于项目管理、代建制。这里所说的顾问，不代替业主方项目管理的人员、职责职能和决策流程。这种全过程工程咨询顾问，具备专业性、独立性和准司法性，要求咨询师做到"专业，公正，独立"。

咨询方要通过与业主方主要领导及管理团队的深度沟通，全面介绍全过程工程咨询的优势及操作要点，以高度的专业能力、研发成果、试点经验和成果，获得业主方对全过程工程咨询提供方的充分信任。

第三，全过程工程咨询提供方须向建设业主的一把手说明，施工招标环节是全过程工程咨询的焦点与核心，是降低工程造价、维护业主利益、保障项目顺利实施的关键所在。需协助业主方一把手，排除影响"真招标"的各种外部和内部干扰，统一业主方内部相关人员对"真招标"的认识，从而对咨询服务商的顾问地位、咨询服务产品建立正确的认知，形成业主方和顾问方的组织合力。

推进全过程工程咨询急需的技术标准和政策

推进全过程工程咨询（建筑师负责制），需要做好顶层设计，当前急需制定或修订的技术标准或政策法规，筑信筑衡在这方面正在持续展开研发，主要有：

（1）标准之一：《全过程工程咨询服务导则》。鉴于设计、造价、监理、招标等各种专业咨询均已有大量成熟的标准、规范等依据，而现在推行全过程工程咨询，其首要任务和价值，就是把这些有机串联起来。因此，这一服务导则至少应包括：1）各专业咨询方的责任和相互关系；2）全过程工程咨询方的人员职责、组织、管理和流程；3）全过程工程咨询的收费模式；4）建筑师在房屋建筑全过程工程咨询中的地位、作用和责任；5）房屋建筑全过程工程咨询的阶段划分、交付成果和服务内容；6）资质资格要求；7）其他内容。

（2）标准之二：《工程定义文件编制规程》。如前述，全过程工程咨询服务的重点是交付成果，即包括设计图纸、材料说明书、工程量清单、招标文件等在内的"一体化"工程定义文件。但是，目前我国的上述文件编制的依据是分割的，文件内容是相对独立的，缺乏一个统一的全过程工程咨询交付成果编制依据，需要制定一个操作规程式的实施依据。

（3）标准之三：《工程量清单计价规范（BIM 实体量）》，及配套的《房屋建筑工程招标投标管理办法》、《建设工程施工合同（示范文本）》。我国 2003 年开始的定额改为工程量清单计价模式，由于造价改革长期停滞，工程计价事实上已陷入了"清单定额化"，造成最高投标限价与清单定额价捆绑，影响了"市场决定造价"的改革进程。这一点，也直接阻碍了全过程工程咨询的推进，必须尽快予以改革。建议参照国际工程造价经济模式，比如香港工料测量师制度，实行基于实体量的工程量清单计价模式，简化计价方法，推行依据施工企业的企业定额报价的国际通用模式，配套修改招投标及合同管理办法，尽快建立市场、国际化、规范化的工程造价管理体制。

（4）修订条例：修订《中华人民共和国注册建筑师条例》。借助国家大力推进全过程工程咨询，建议借鉴国际建筑师协会（UIA）职业实践委员会《建筑师职业政策推荐导则》，尽快修订《中华人民共和国注册建筑师条例》，更好地发挥建筑师在房屋建筑工程全过程工程咨询中的独特地位，提高建筑设计的质量和完成度，提升建筑品质，实现建筑业的高质量发展。

房建项目需要什么样的
全过程工程咨询？[①]

工程咨询是工程建设的龙头和灵魂，关系到工程项目定义权及产业链话语权。"一带一路"项目，要求我国工程咨询技术标准与国际尽快接轨，合规发展。

民用、工业、仓储、特种等建筑在内的各种房屋建筑项目，是工程建设行业最为广泛庞大的领域，具有自身的特点。本文从项目业主利益和需要出发，对房建项目全过程工程咨询及建筑师负责制的市场需求做一探索，供业界制定全咨和建筑师负责制技术标准时参考。

业主需要是全过程工程咨询的出发点

工程建造、工程咨询，是古老而成熟的行业，国际化程度较高。制定全过程工程咨询、建筑师负责制技术标准，应温故知新，追根溯源，力求与国际规则和惯例接轨，尽量减少制造新概念。

当前，"一带一路"项目不断增多，这就倒逼我们，尽快理顺顶层设计，厘清有关基本概念，完善工程咨询标准体系，规范各地方、各协会等的各种"创新"提法，防止改革复杂化、书面化，或者借改革之名搭车为集团谋利益。

在房建工程领域，根据国际建筑师协会（UIA）政策推荐导则，建筑师的职业责任包括："规划、土地使用规划、城市设计、前期研究、设计任务书、设计、模型、图纸、说明书及技术文件，对其他专业（咨询顾问工程师、城市规划师、景观建筑师和其他专业咨询顾问师等）编制的技术文件作应有的恰当协调，以及提供建筑经济、合同管理、施工监督与项目管理等服务。"其中的"恰当协调"一词，颇值得细思和玩味。

我国正处于快速城市化的发展期，房屋建筑项目量大面广，比较上述 UIA 职业导则与住建部建筑师负责制、全过程工程咨询两个实施意见（征求意见稿），不难看出，房建项目全过程工程咨询与建筑师负责制的服务内涵基本一致，参见图 1。为了减少概念交叉和歧义，建议明确建筑师负责制就是房建项目全过程工程咨询的实现形式，并统一称为建筑师负责制（注：本文中所称的建筑师负责

---

① 王宏海，王宏武，发表于《中国勘察设计》2018 年第 6 期，总第 309 期。

制，作者自认为就等同于房建项目全过程工程咨询）。建议参照国际咨询工程师协会（FIDIC）、UIA 规则，尽快修订二十多年前制定的《中华人民共和国注册建筑师条例》及相关技术标准，在房屋建筑领域率先推广全过程工程咨询。

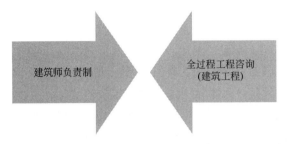

建筑师负责制　　　全过程工程咨询（建筑工程）

图 1　建筑师负责制与全过程工程咨询（建筑工程）的关系

制定全过程工程咨询技术标准，出发点至关重要。笔者认为应该是：促使中国工程咨询与国际标准、模式接轨，通过咨询方提供更好的工程咨询服务，提升业主方项目管理水平，提高工程质量与品质，降低工程造价，缩短建设周期，实现项目利益最大化。相反，出发点不应该是"为了培育一批具有国际水平的全过程工程咨询企业"。要防止忽视项目业主利益，以咨询服务商为中心制定技术标准，造成错位和越位。可以预见，以咨询方利益为出发点的技术标准，市场将不会接受，也难以适应"一带一路"需要。尤其需要指出的是，经过三十年的高速发展，我国的房地产市场已进入精细化开发阶段。开发商迫切需要通过采购工程咨询企业的全过程工程咨询服务，把"勘察设计、造价管控、合同管理、现场监理、招标顾问等"委托出去，自己则专注于投资策划与销售管理"两头"。这既是市场的需求和召唤，也是全过程工程咨询的服务方向。

另外，根据《国际工程咨询》（中国建筑工业出版社，1996 年），咨询按阶段可分为全过程咨询与分阶段咨询。因此，工程咨询包括全过程工程咨询及分阶段工程咨询。可以认为，我国现行的工程咨询（投资）、勘察、设计、招标代理、造价咨询、工程监理等专业咨询，都可归属于分阶段工程咨询的范畴。建议，发改、住建等政府部门关于工程咨询、全过程工程咨询的政策文件，应尽快协调一致，以免造成市场主体及市场规则的混乱。同时，隶属发改委、代表我国加入FIDIC 的中国工程咨询协会，却只管项目前期，即投资咨询，影响了我国与FIDIC 的合作交流，应早日统一归口，与国际组织全面对接。

全过程工程咨询不应是碎片化咨询的拼接

全过程工程咨询既不是"联合、收购、重组"的简单资源整合，也不是碎片化咨询的"叠加"式拼接，更不是改头换面的全过程项目管理、代建制等，而应为项目业主带来实实在在的价值。当前正在研究全过程工程咨询服务技术标准，必须注意全过程工程咨询不是个大箩筐，什么都可以往进装。尤其要区分碎片化咨询不是分阶段咨询，防止碎片化咨询穿上马甲，以拼接式全过程工程咨询的形式出现。

国际上的分阶段咨询不同于我国的碎片化咨询。分阶段咨询，是业主根据项目需要，将投资咨询、方案、设计、监理、造价管控等分阶段委托。而碎片化咨询的不同阶段、不同专业之间缺乏有机联系，两者有本质的不同。

试想，一家设计院如果承接了某门诊医技楼的全过程工程咨询，然后，由其四所做设计，技经所做造价咨询，项目管理部做招标和监理。但各自的咨询文件相互割裂，不能提供一体化的工程咨询输出成果和相应的招采服务，不能帮业主省钱、省心，缩短工期，那这和碎片化咨询有什么不同？又如何能受到项目业主的欢迎？

当前，国内工程咨询市场呈现为设计、造价、监理、投资咨询、招标代理等碎片化状态。在碎片化模式下，工程定义文件由设计、造价咨询、招标代理等机构分别完成，建设意图由各家碎片化表述，从源头上就存在大量错、漏、碰、缺，必然造成过程变更增多，扯皮导致工期延误，工程造价增加，腐败风险、管理成本激增。同时，五方乃至七方责任主体对工程共同负责却难以追责，各干系方内耗巨大，管理漏斗造成非专业的业主责任最大，疲于协调，项目利益受损。这种碎片化模式已进入到发展的瓶颈期，被广大业主诟病，也是本轮全过程工程咨询提出的原因之一。

国际上，工程咨询公司具备投资、融资、设计、经济、项目管理、试运营等一体化能力。房建项目全过程工程咨询方提供的工程咨询交付成果主要包括：设计图纸、材料说明书、工程量清单、技术规格书、招标文件等在内的一体化工程定义文件。其中，技术规格书除国家规范行业标准外，还应包括咨询方针对本项目的建筑材料、施工工艺、品质效果等具体要求，以及对主要设备、材料参数及品牌范围做出规定。同时，工程咨询方须以此为主线，将"先定义，后资审，最低评标价中标"国际招采模式贯穿于工程项目管理全过程，帮助业主方项目管理透明、高效、可控，实现项目利益最大化，即质量好、造价低、工期短、效率高。

结合我国现状，全过程工程咨询方的交付成果主要应包括图纸、材料说明书、工程量清单、招标文件，参见图2。

关于谁来主导全过程工程咨询，笔者2017年7月在中国勘察设计杂志发表《全过程工程咨询应以设计为主导，建筑策划先行》提出，"在设计、造价、监理等各咨询方中，只有设计最掌握业主心理，最知道业主有多少钱，在哪个方面愿意多花钱，如何少花钱、巧花钱……设计是投资者决策的重要依据，是业主最重

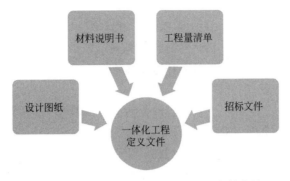

图2　房建项目全过程工程咨询主要交付成果

要的决策顾问，在很大程度上决定了工程咨询的结果。因此，全过程工程咨询只有以设计为主导，才能通过工程定义文件及过程中的变化，实现业主建设意图，而造价顾问和监理只能是设计主导下的专业顾问和补充。"

图3　咨询按业务领域分类

尽管设计主导的观点逐渐被各方所接受，但谁更适宜做全过程工程咨询的牵头方，各方意见并不一致，认为需要市场竞争。笔者认为，以设计为主导，未必一定是以设计院为主导。面临建筑师及设计工程师不懂经济、材料的现状，设计企业唯有强化人才培训，补强"提供建筑经济、合同管理、施工监督与项目管理等服务"短板，提升企业的全过程工程咨询服务能力，才可能整合或发展其他"专业咨询"，成为全过程工程咨询的重要力量。必须注意的是，不能认为当下的中国建筑师存在经济、合同、管理的短板，就否定或怀疑国际上成熟的建筑师负责制。同时，部分有能力"罩"得住设计的造价咨询、监理，甚至房地产、施工企业，都有可能发挥优势，成为全过程工程咨询的牵头人。

另外，据《国际工程咨询》一书介绍，国际上工程咨询按业务领域可分为技术咨询、经济咨询、法律咨询、信息咨询、管理咨询、工程咨询，参见图3。显然，工程咨询本身就包括技术、经济、法律、信息、管理，甚至艺术、人文等要素，不宜再分为所谓的技术咨询和管理咨询，以免本末倒置，弱化设计的主导作用，造成工程咨询的项目管理化倾向，即泛管理化、泛咨询化。

市场需要什么样的全过程工程咨询

根据《国际工程咨询》一书介绍，国际工程咨询的服务对象包括项目业主、承包商、贷款方，咨询公司还可与承包商一起联合承包工程，或直接承包中小型 EPC 工程，参见图 4。研究发现，无论工程咨询的服务对象是什么，工程咨询方不但要帮委托方实现利益诉求，同时在委托方利益与社会利益冲突时，要体现公正性、独立性、准司法性的专业价值，这方面与会计师、律师、医师（国际上也被称作 consult）的服务内涵是一致的。

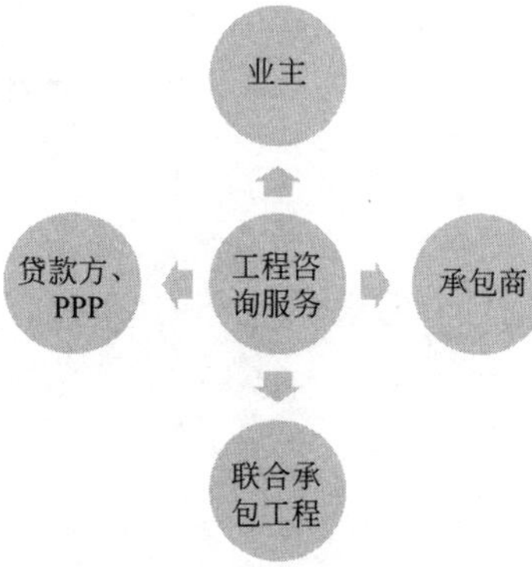

在我国目前，工程咨询的主要客户是项目业主。那么，房建项目业主需要什么样的全过程工程咨询呢？试析如下。

图 4　工程咨询的服务对象

如前述，项目业主对碎片化咨询颇为诟病的原因，既有各方责任不清、业主协调繁琐、业主责任大的抱怨，也有工程造价偏高、不能自证廉洁的无奈。例如，与万科某小区一墙之隔的某工厂自建住宅，图纸基本相同，工程造价却高出四分之一。研究发现，万科是一条龙项目自管模式，实行基于一体式工程定义的最低价中标，且不设置投标最高限价，某工厂是项目自管＋碎片化咨询，而且两名基建人员"出事了"。

笔者调研发现，其实，万科、碧桂园、恒大等这些优秀房地产企业，早已实行了"全过程工程咨询"，他们实践的基于全过程工程咨询的最低评标价中标，很国际，很成熟。而且，既没有降低工程质量，也没有人去恶意低价抢标，只是咨询方是项目业主内部的全过程项目管理团队，因为市场上无人提供全过程工程咨询服务——由此，既能看出市场对全过程工程咨询服务的需求，也能看出我国与国际工程咨询公司的差距。

解析业主需要什么样的全过程工程咨询，其实很简单，只需围绕业主的工程建设目标分析即可。如前所述，项目业主希望质量好、造价低、工期短、扯皮少，项目管理透明高效，能自证廉洁。为了实现这一目标，对工程建设并不专业的项目业主，就需要聘请专业人士组成的工程咨询方，帮助其实现这一目标。

研究和案例实践证明，今天推广全过程工程咨询，既不神秘，也不复杂，只要总结、推广万科等房企的全过程项目管理经验即可。笔者认为，全过程工程咨询的基本点是业主方首先做到真招标，重点是工程咨询方做到精定义，难点是施工方按企业定额竞争报价，焦点是施工招投标中实行最低评标价中标，并辅以必要的工程担保，参见图 5。如此，业主方的建设目标就能受控，并实现自证廉洁。这里，精定义是全过程工程咨询的核心价值所在，而精定义就首先需要图纸、材料说明书、工程量清单、招标文件一体化交付。笔者认为，这正是市场客户对全过程工程咨询的期望和要求。而将设计、造价、招标、监理企业进行简单整合的叠加式全过程工程咨询，很可能演化为"糖葫芦式"的碎片化咨询的拼接，是穿了新马甲的项目管理，因而它不是市场所需要的全过程工程咨询。

先定义 → 后资审 → 最低评标价中标

图5　国际招采模式对全过程工程咨询的要求

换个角度来看，我国房建领域工程咨询企业要"走出去"服务"一带一路"项目建设，就必须老老实实地严格按照国际建筑师负责制修炼内功，即向业主提供精细化的工程定义文件。只有这样的咨询交付成果及配套的透明招采规则，才能妥善统筹项目各干系方利益，使施工承包商、材料设备厂商都通过公平竞争获得合同订单，并受到精定义和工程担保的严格约束，进而保证项目业主的利益，维护业主的廉洁声誉。在笔者看来，这甚至算不上创新，更谈不上创造需求，因为这种服务在民国时期、在国际工程市场都较为普遍。

据此，笔者曾数次撰文呼吁在房屋建筑工程领域遵从国际惯例，踏踏实实地做好传统DBB项目组织管理模式，即FIDIC红皮书。并在此基础上不断完善技术标准，积极发展建筑师负责制，助力建设业主提升项目管理能力，形成业主、咨询、施工"铁三角"良性治理关系，建立健全建筑市场可持续发展的基础设施。

工程造价管理改革与全过程工程咨询

推进全过程工程咨询，作为工程咨询的重要组成部分，还要求造价、招投标、合同管理改革配套进行，互相衔接，互相促进。否则，改革效果将大打折扣，甚至难以有实质性推进，或演变成碎片化咨询的拼接。

《住房城乡建设部关于进一步推进工程造价管理改革的指导意见》（建标〔2014〕142号），是与工程咨询密切相关的一个重要文件。制定全过程工程咨询技术标准，必须认真研究、对接这一文件。

142号文件要求，"明确工程定额定位，对国有资金投资工程，作为其编制估算、概算、最高投标限价的依据；对其他工程仅供参考。"但是，由于对国家定额的"习惯性信任"，最高投标限价与定额捆绑，甚至成为国有投资项目中围串标、假EPC利用的工具。事实上，由于社会投资项目也缺乏统一的计价规则，定额价也被广泛使用。总之，由于定额与造价改革的滞后，导致"清单定额化"长期存在，目前随着房建项目EPC的推行，"费率招标"这一二十年前被禁止的招投标形式再次死灰复燃，参见图6。

所谓"费率招标"，就是为了出于早开工或其他目的，甲乙双方以清单定额

图 6　费率招标滋生假总价招标

价为基础，通过招标、议标等形式，确定基于最高投标限价的下浮点位，并据此签订施工总承包或工程总承包合同——即先签合同再谈价，先做事再谈钱。如此，业主方边建边看，设计方不需要精细化设计定义，施工方也就没必要费力气去建立什么企业定额，大家都退回费率招标＋主材认质认价，这显然是一种改革的倒退。

造成的结果是：开工后，施工方不是通过管理和创新获利，而是通过千方百计制造设计变更，变掉赔钱的子目如抹灰、砌砖等，多干挣钱的子目如桩基（不同的定额子目单价，有赔有赚，这也是定额价的弊端之一），用尽手段通过"材料价差"、工程量"量差"即"双差"获利，直接造成变更多、扯皮多、造价失控、延误工期，各干系方关系极大混乱，工程投资失控。

建标 142 号文件指出，"到 2020 年，健全市场决定工程造价机制，建立与市场经济相适应的工程造价管理体系……全面推行工程量清单计价，完善配套管理制度，为'企业自主报价，竞争形成价格'提供制度保障。"文件还提出，"推行工程全过程造价咨询服务，更加注重工程项目前期和设计的造价确定。"这些造价管理的改革内容，应该在制定全过程工程咨询技术标准中得到吸收和融合。事实上，定额价类似于"计划价"，今年是改革开放四十周年纪念年，建议加快"市场决定工程造价"改革，尤其是在社会资本项目招投标中明确废止定额。同时，完善对社会资本项目的服务和监管，加快制定适用于社会资本项目的工程量计价规范，以及配套的招投标规则与施工合同。

以精定义为价值特点的全过程工程咨询、建筑师负责制等国际规则，要求定义清楚，招采透明，价格竞争。显然，如果继续存在定额价、费率招标，全过程工程咨询、建筑师负责制就难以有客户需求。因此，若不配套进行造价和招投标管理的改革，单纯推广全过程工程咨询、建筑师负责制，很可能流于形式和口号，或演变为拼接式全过程工程咨询。

长期研究 FIDIC 的一位教授指出，"国际房建工程主要应用的是 FIDIC 红皮书，即 DBB（设计-招标-建造）模式，不用 EPC 模式。在 DBB 模式下，业主、咨询、施工三方职责清晰，实行基于精细化设计定义的最低评标价中标。当前，基于费率招标的房建项目工程总承包，不符合国际 EPC 模式的总价固定、定义清晰、价格竞争等要求，应该予以纠正。而且，美国的房建项目，主要只用美国建筑师协会（AIA）规定的 DBB 模式，针对性强，很好用，他们连 FIDIC 都不用。"

为此，笔者曾撰文指出，我国创新工程组织管理模式，"应以业主利益为出发点，以竞争报价、固定总价、降低造价为目标，以甲乙方职权及交易范式为核心，以标前定义文件为重点。具体措施是，大力推行全过程工程咨询、建筑师负责制，加快定额与工程造价市场化改革，完善房建项目 DBB 模式，慎重推行工程总承包，帮助业主方提升项目管理能力，提高工程定义、招标、造价及合同管理质量。"

"一带一路"项目，需要以中国投资带动中国建造"走出去"，以中国建造输出中国制造。但是，在中国建造中，工程咨询是短板。总之，只有配套落实建标［2014］142 号文件，推进市场决定工程造价、全过程工程咨询等市场化改革，才能更有效地补强中国工程咨询的技术标准及服务能力，及早与国际接轨。

建筑师负责制——可以这样落地①

日前，北京一位开事务所的建筑师朋友高兴地告诉我，这两年，经常研究我的文章，按我说的路子，他除了传统设计，同时提供造价、招标咨询和施工监理服务，三十几个员工一个没增加，今年产值翻倍，利润上千万，而且在业主方的话语权明显提升。

这个所谓路子，就是建筑师负责制。2016 年笔者《建筑师提供图纸、还是建筑?》等文，已有论述。

征求意见稿：一石激起千层浪

近日，住建部发出《关于征求在民用建筑工程中推进建筑师负责制指导意见（征求意见稿）》，广大建筑师、建筑设计行业反应热烈，广为关切，同时担心被以"中国特色"为名，执行中走了样。

其实，建筑师负责制是国际惯例，中国早已有之。如 20 世纪二三十年代，三十岁的海归建筑师吕彦直设计了南京中山陵、广州中山纪念堂等，杨廷宝设计了紫金山天文台、金陵大学图书馆等著名建筑，以他们为代表的中国第一代建筑师事务所，艺术上取得了的巨大成就，拥有较高的社会地位，财富上也获得了成功。

正是这一群体，创造了"建筑师负责制"这一汉语称谓。1933 年《中国建筑师学会建筑章程》指出，"建筑师为业主之纯粹专家顾问、对于房屋取材之优劣，造价之丰薄，一以固定的计划，从中维护其实现……遇与包工人发生任何纠纷时，建筑师又能于法律上秉公裁制。"说明建筑师不但"画图"搞设计，也负责造价控制、材料选择，及施工监造，还承担着在业主、营造公司之间沟通协调的身份。这正是标准的国际建筑师负责制。

新中国成立后的 1953 年，中国建筑师学会解散了。在集中计划经济"苏联模式"下，整个社会成为一个以政府作为总管理处的国家"辛迪加"。政府对这家国家大公司实行从宏观经济到微观经济的"一竿子插到底"的管理。建筑师成为这台国家大机器上的一个零件。建筑工程由国家计划、拨款，设计的做设计，施工的做施工，材料由成套公司提供，项目建成后由计委代表国家验收，并作为

① 王宏海，发表于《中国勘察设计》杂志 2018 年第 1 期，总第 304 期。

固定资产移交给使用单位使用。

改革开放后，1995年恢复注册建筑师制度，同时设立了工程咨询（投资）、工程监理、造价咨询、招标代理等"专业咨询"制度。这种"五龙治水"式的勘察设计咨询碎片化体系，尽管有许多弊端，也未与国际接轨，但也支撑了二十多年的大规模建设。这一方面是因为，在"苏联模式"的巨大惯性和超大规模需求的双重作用下，一切都那么突然，变化是那么的快。

20世纪90年代以来，由于没有人提供国际化的一条龙式建筑师负责制服务，无奈之下，对建造并不专业的房地产企业创造了"一条龙项目自管模式"，除完成投融资、拿地、销售等"主营"业务外，还"自营"完成策划、造价、招标、主材采购、工程监理与合同管理等"辅助"业务，房地产商成了兼做建筑师负责制的"超级业主"。他们高价请国外大师做方案，把施工切块承包给各种施工方，把"设计"承包给设计公司，中国建筑师就这样彻底沦为"画图的"。建筑系学生怀揣大师梦，接受"美图教育"，不大懂经济、材料、合同和施工，毕业后在"超级建筑师"房地产商的指挥下，靠加班、熬图、改图糊口。所长们觥筹交错后，也只落得个住宅每平方米十几元的设计费，全然没有了吕彦直们"你准备好10%的设计费了吗？"的自信。

建筑师负责制，是一个汉语式称谓，其实质就是按照国际建协（UIA）建筑师职业导则所规定的建筑师职业责任，由建筑师为业主提供的职业服务，它可以是全过程，也可以是分阶段，它基本等同于清华大学邓晓梅教授提出的首席监造人制。建筑师负责制，是建筑设计、建造过程的内在规律，与国情、与意识形态无关，放之四海而皆准，中国亦然。百年前的先贤杨廷宝们，已做出过许多成功的实践。现在重提建筑师负责制，只要正本清源，恢复中国建筑师本来面目即可，不需要太多无谓的创新和造词。今天的建筑师，只要去做、去干就行了。正如北京那个成功的建筑师所说，"图还是那个图，人还是那个人，但其中包括了主材、造价、招标等概念以后，含金量却不一样了。"

建筑师负责制中的建筑师，泛指以建筑师牵头的设计咨询服务团队，包括结构、设备、造价工程师及（恰当协调）其他专业咨询顾问。今年的热门话题是全过程工程咨询、建筑师负责制、工程总承包。这些创新名词，使得许多设计界人士一头雾水。这里顺便"科普"一下。

全过程工程咨询、建筑师负责制，属于工程咨询的范畴，是包服务，不涉及物质化产品的生产，提供的是智力型咨询服务，收取的是费；工程总承包，是包工程，是一种物质化的建筑生产，提供的是实体化的建筑产品，获取是工程造价。两者在责任性质、价值诉求、盈利模式和服务采购模式上都完全不同。顺便指出，建筑师负责制大体上就是全过程工程咨询在房屋建筑领域的落地形式。

值得注意的是，2017年5月住建部发文试点推行全过程工程咨询，造价咨询、工程监理行业都跃跃欲试，欲执全过程咨询之牛耳。其实，不过又是利益之争。为此笔者曾撰文《全过程工程咨询应以设计为主导、建筑策划先行》明确反对。笔者认为，建筑师负责制，就是全过程工程咨询在建筑工程领域的实现形式，在建筑工程领域，两者内容基本一致，可以说是不同角度的两种叫法，但建筑师负责制这种叫法，回避了其他部门或机构"抢地盘"。另外，《建设工程分类标准》（GB/T 50841-2013）"术语"将"建筑工程"解释为"供人们进行生产、生活或其他活动的房屋或场所。"建筑工程按照使用性质可分为民用建筑工程、工业建筑工程、构筑物工程和其他建筑工程等。本人认为，建筑师负责制适用于上述各类建筑工程，不能仅适用于"民用建筑"或"民用项目"。

必须注意的是，建筑师负责制是工程咨询、勘察设计行业的重大改革，牵一发动全身，绝不是纯粹"设计"的事，其核心虽是建筑师执业责权利的恢复和落实，但将引起工程咨询（投资）工程造价、监理、招投标改革的联动，应引起主管部门的更加重视。国际工程建设业主方、咨询方（含设计）、施工方三足鼎立。实行建筑师负责制，有助于补齐我国包括设计在内的"咨询方"这一短板。因此，其重点在于咨询服务范畴，而不在于工程总承包或"设计-施工一体化"。当前，应注意防止以"设计-施工一体化"的名义混淆建筑师负责制、工程总承包的概念，从而影响两者的改革发展方向。例如，目前有些企业，以 EPC 名义，采用的"拉郎配"联合体、费率招标的方式承包国有投资工程，依然是设计、施工两张皮，影响了工程总承包市场正常发育，被业内人士诟病为"假 EPC"，就是这种概念混淆的结果。更有甚者，某民营投资铁路项目强行"被 EPC"，业主有苦难言。另一方面，清华大学邓晓梅教授指出，推行建筑师负责制要特别关注建筑师责权利的统一，给予提供全程服务且被充分授权的建筑师合理的报酬，从而减少建筑师被腐败所诱惑的风险。

建筑师负责制：具体怎么干？

打铁先要本身硬。首先，你不懂经济和合同，不懂材料、造价、招投标，光会画图、搞设计，那不行。

最简单的办法是：把那些十几年前被开发商挖走的同事叫回来，他们知道怎么做，且不需要太多培训。这些"甲方建筑师"未必都是建筑学专业毕业，但他们经验丰富，见多识广，经常在国内外考察学习，他们组织协调能力极强，最懂得甲方需要什么样的建筑师负责制。这群人有几十万之众，他们不但懂设计，还懂造价、懂材料、懂施工，百炼成钢。他们"回流"设计，入伙事务所，将助设计企业华丽转身，脱离低价设计费的红海。在建筑师负责制的蓝海，话语权、尊重将重归建筑师，且伴随着滚滚财富。北京那个建筑师，就是入伙了一个甲方项目经理，一切轻松搞定。

这究竟是什么鬼把戏？让掏钱的业主告诉你吧。

先看看业主的需求吧。国际上，包括香港，业主找到建筑师，沟通条件和诉求、交代预算后，一般来说，就可以等着建筑师把他想象中的建筑交到他手中。设计、造价、招标、合同、监理等这些专业工作，以及协调其他各种专业咨询顾问，都是建筑师的事。中国的开发商何尝不想？万科公司就曾想这么做，2010 年找了半年，也没找到一家提供这种服务的设计公司，无奈，又自己"一条龙自管"了。

秘密在于：你只要转换观念，为业主提供包括造价、招标、监理在内的设计全程服务，即建筑师负责制，成为业主渴求的工程顾问，业主一定会为此埋单，而且价格不菲。因为，实现建筑师负责制，降低了业主的管理成本，减少了碎片化造成的"错、漏、碰、缺"，可降低工程造价 20% 左右，实现了 UIA 职业主席、清华大学庄惟敏教授所说的"置业顾问"作用。想想看，这样好的全程服务，即是建筑师负责制收费达到总造价 7%～11%，业主又怎能不愿意要？正如乔布斯所说，"消费者没有义务知道他需要什么，但他知道你的东西是好的、舒服的（并情愿为此埋单）。"乔布斯认为，提供新的产品或服务，完全是企业的事。如同德鲁克所讲"企业家的责任就是创造需求"。显然，提供建筑师负责制，中国建筑师应主动作为。

从"苏联模式"发展而来我国建筑师，长期沿袭"建筑师就是画图的"的固有观念，对从事造价、招标、监理、主材设备等全过程咨询涉及较少，因而缺乏自信和主动，实践中逐渐被业主边沿化。衷心希望设计企业（建筑师）们破除迷信，转变观念，"回流"人才，勇于实践建筑师负责制，就一定会实现"人员不变，产值翻倍"的经营目标。

建筑师是独立执业的专业人士，既对委托人负责，同时要遵循法律法规，肩负社会责任。正如"征求意见稿"内容，在建筑师负责制条件下，建筑师（设计企业）除完成传统的建筑设计外，主要增加或完善了三项服务内容："提出策划，完成设计，施工监造"。这里的策划，大约包括可研、策划、后评估，庄惟敏教授有专论；这里的设计，除了增加统筹协调幕墙、装饰、景观、照明等专项设计的"设计总包"外，主要增加了自行完成，或恰当协调造价咨询机构完成造价咨询（含主材和设备咨询），控制工程造价；这里的施工监造，指为建设单位提供施工招投标咨询，或受建设单位委托承担招标代理、合同管理或项目管理服务，监督工程建设项目按照设计文件要求进行施工，协助组织工程验收服务。

控制造价，是建筑师的天然职责。

建筑设计与工程造价互为唇齿，有机结合，不可分割。研究及实践证明，建筑师负责制的重点是"图、材、量一体化设计定义"，难点是设计全过程融入造价，焦点是招标及主材设备。尤其需要注意的是，中国是全世界仅存的极个别采用"国家定额"计量计价模式的国家。当前,应重视落实建标《关于进一步推进工程造价管理改革的指导意见》(建标【2014】142号),推广企业定额,逐步废除"国家定额"。这既是市场配置资源,施工企业优胜劣汰的需要,也是推进建筑师负责制的需要——这点,希望引起有关方面和专家学者的重视。

为了落实建筑师负责制,笔者建议组织编制《建筑师负责制项目实施指南》、《建筑工程一体化工程定义文件编制规程》、《全过程工程咨询服务导则》等技术标准、示范合同。这些听起来看似复杂,但是用北京那位建筑师的话说,"说难行易。只要干成一个项目,一切OK。"

推进建筑师负责制:积极而审慎

当前推行建筑师负责制,需求较大,时机成熟,应该发挥强势政府优势,打破利益藩篱,树立道路自信,抓住机遇,积极推进。这是因为:推进建筑师负责制,是解决工程咨询碎片化的契机,是影响建筑业体制机制改革的系统工程,一动百动,不是一件小事;它可使得招标及主材设备更加公开、透明,有利于控制工程造价及工程领域制度防腐;当前,我国大批量的PPP工程及"一带一路"合作项目需要设计、咨询;可为投资咨询、招标代理、造价咨询、工程监理等专业咨询提供一种改革路径;我国拥有大批经验丰富的"甲方建筑师"可资利用。

1998年施行的《建筑法》,规定了业主、勘察、设计、施工、监理等所谓的"五大责任主体",将工程咨询碎片化以法律形式固化下来。但必须厘清的是:在碎片化的本质内涵中,设计是"皮",工程咨询(投资)、造价咨询、招标代理、工程监理等专业咨询是"毛"。这些"碎片化"的工程咨询,互相勾连,甚至在各自主管部门、行业协会的支持下,互相争地盘,抢利益,结果是苦了甲方,忙坏了政府,但各专业咨询方都得不到应有的职业信任和荣誉。因为,业主真正需要的,是一条龙式的咨询服务,是建筑师全程服务。

本次推广全过程工程咨询、建筑师负责制,既要市场引领,又要政府积极推动。我们建议有关方面认真研究几者关系,以业主利益为依归,合理划分职责,审慎确定各方的钩稽关系,逐步解决上述"五龙治水"碎片化局面,建立新型工程咨询体系。

事实上,包括设计在内的工程咨询,属于邓小平所说的"政府不该管、管不了、管不好的事,这些事只要有一定的规章,放在下面,放在企业……本来可以很好办……"只要政府不再插手工程咨询行业的职责划分和利益分配,废除、合并或简化资质资格管理,新时代下一定能够涌现出一大批新的吕彦直、杨廷宝们。

本文写作中,传来招标代理、工程咨询资质被取消的消息,这意味着设计企业可以发挥优势,为业主提供工程咨询(投资)、招标代理服务,我们似乎看到了全过程工程咨询——建筑师负责制的曙光。期盼早日取消造价咨询、工程监理企业资质，强化造价工程师、监理工程师个人资格管理，为建筑师负责制创造更好的外部环境。作为过渡，我们建议对实行建筑师负责制的项目，只要有注册造价师、注册监理工程师参与，就可自动授予设计企业造价、监理甲级资质。总之，强化个人资格管理，弱化企业资质——这是一个机会。

国际建协（UIA）政策推荐导则建筑师职业责任规定，建筑师服务内容"包括提供城镇规划，以及一栋或一群建筑的设计、建造、扩建、保护、重建或改建等方面的服务。这些专业性服务包括（但不限于）：规划、土地使用规划、城市设计、前期研究、设计任务书、设计、模型、图纸、说明书及技术文件，对其他专业（咨询顾问工程师、城市规划师、景观建筑师和其他专业咨询顾问师等）编制的技术文件作应有的恰当协调，以及提供建筑经济、合同管理、施工监督与项目管理等服务。"庄惟敏认为，这一规定，正是建筑师负责制服务内容的基础，应结合中国情况，在政策制定中认真研究、落实。

在我国推进建筑师负责制，也不仅是"设计总包"、代办手续等，更重要的是补齐 UIA 建筑师职业责任"提供建筑经济、合同管理、施工监督与项目管理等服务"的短板。为了推广全过程工程咨询、建筑师负责制，有关部门发了文件，但文件只能是引子，制度才是保障。因此，中元设计总建筑师费麟认为，必须运用经济手段和法治办法加强引导，结合 UIA 及 FIDIC 等国际惯例，尽快修订《中华人民共和国注册建筑师条例》、《建筑法》等法律法规，修改造成建筑师考试内容和建筑学教育大纲。在新时代形势下，面对"一带一路"国际合作机遇，修订这个二十二年前颁布的建筑师条例，成立中国建筑师协会，是推进建筑师负责制的制度保证，也是中国建筑师的迫切心声，应该加快。

推进建筑师负责制，应该在《建筑法》修订中得到体现，改变《建筑法》重施工、轻咨询的传统倾向。比如《建筑法》五十七条规定，"建筑设计单位对设计文件选用的建筑材料、建筑构配件和设备，不得指定生产厂、供应商。"这种为了防止设计师拿回扣，简单化一刀切地阻止了设计方为业主提供业主迫切需要的材料设备咨询顾问服务，这条就结合完善《材料说明书编制规程》予以修订，即定规格型号和指标，定品牌范围。

另外，不断发展完善的 FIDIC 合同体系，拥有不同工程项目、不同模式下的各种合同范本，这些合同条件与 UIA 所定义的建筑师服务范围相结合，可以为我国推进建筑师负责制和全过程工程咨询提供很好的基础。因此，费麟呼吁，认真借鉴这些人类文明的成果，重温 UIA 和 FIDIC，助力推进建筑师负责制。

建筑师除了做设计，还可包工程

建筑师只能做设计及咨询服务吗？非也。

根据《国际工程咨询》(中国建筑工业出版社，1996 年第 1 版，蒋兆祖、刘国冬主编 P21 页)定义，国际上咨询工程师（含建筑师）的服务对象有四：1）业主；2）工程总承包商；3）联合承包工程（或直接承包中小型 EPC、DB 工程）；4）贷款机构和 PPP 投资商。

北京那个事务所服务对象是 1），即提供建筑师全程服务。只是有的业主为了"手续"会要求你"拿"一个造价咨询资质，或监理资质，可以根据 19 号文件采取联合重组的办法解决。

建筑师还可实践对象 3）直接承包工程，赚大钱。这方面，北京建筑师汪克、赵墉已做出了实践。汪克率领的环球惟邦建筑设计公司，以上述"直接承包中小型 EPC 工程"的形式，成功完成了贵州铜仁机场等项目从可研、策划到设计、施工，形成了一条龙的"RD＋EPC"模式。建成后评估显示，铜仁机场造价比国内平均数略低，而建筑品质及建筑质量被国家民航局肯定为一流、上乘。赵墉负责的北京中外建 BIM 设计院，"回流"了一个过去合作过的甲方建筑师，正在大力拓展 EPC、DB 工程总承包。他们承包的工程，建筑品质提升，工程造价降低，业主受益，自己也获得了传统建筑师不可想象的收益，并且成功打入美国市场。他们已经率先进入建筑师负责制的蓝海，是中国建筑师的精英和榜样。

当前，国家大力推进工程总承包，在上述对象 2）下，许多设计企业与施工企业联合，从事工程总承包，但其中大部分是施工企业牵头，设计企业实际上是施工总承包商的"设计分包"。这恰恰是因为，设计企业没有实行建筑师负责制，只有提供"画图"服务的能力，因而在工程总承包中缺乏话语权，服务含金量不高。因此上，笔者认为，由于设计文件深度及工程造价、工程结算改革尚不配套，当前在房屋建筑和市政工程领域推进工程总承包，条件并不成熟，而应首先大力推进建筑师负责制，使设计企业首先具备全过程工程咨询的能力，然后再创造条件推进工程总承包。

作为建筑师服务对象的第 4）种，即"贷款机构和 PPP 投资商"，也是一个现实的市场蓝海，应引起设计行业的重视。调研发现，我国大量的、以施工企业为投资主体的 PPP（＋EPC）项目，迫切需要设计企业（建筑师）提供全过程工程咨询——建筑师负责制服务。正如开发商当年无奈之下创造了"一条龙项目自管模式"，依然是由于缺乏全过程咨询服务的支持，这些企业正在或准备收购、兼并设计企业，培植自己的"甲方建筑师"队伍，这一现象对设计咨询业的发展将产生深远影响，需引起建筑设计行业的重视。

是被收购、兼并，还是落实建筑师负责制，迅速做强自己，这是摆在中国建筑师面前的一个问题。

决算久拖不决是农民工工资问题的
隐性根源^①

农民工工资问题最严重的建筑行业，舆论认为是施工单位拖欠农民工兄弟的血汗钱，媒体口诛笔伐，社会对其侧目，政府严加监管。

解决农民工工资问题，党和政府做了大量工作，取得了显著成效。为什么却难以根治？

根本原因是，由于工程决算久拖不决，造成建设单位长期拖欠工程决算款，直接导致施工企业资金周转困难，无力正常支付农民工工资。笔者认为，这才是农民工工资问题的隐性根源，应引起政府和全社会的重视。

解决的办法是，找准"七寸"，对症施策，解决工程决算问题，建立诚信体系，加强媒体监督。

工程决算与农民工工资问题的关系

建设单位一般不会拖欠工程进度款，但拖欠决算款则十分普遍，成为困扰整个行业的一个顽症。通常，工程交工后，竣工决算短则需两三年，长则数年。由于建设单位缺乏支付依据，有的单位即使有钱，领导换了几任，但也不能支付。这里所说的竣工决算，是习惯性称谓，合同术语为"竣工结算"。

施工合同一般约定，进度款按月或形象进度的 60%～80% 支付。由于竣工决算不能及时形成，交工后占压款就会达到决算的 20%～30%，甚至更多。由于施工方的利润仅为 3%～10%，这样，施工企业被长期拖欠、占用的款项就会达总造价的 20% 左右。试想，一个中等规模的施工企业待决算项目按 100 亿元计，经常性被拖欠的工程款就可达 20 亿元之巨，远远超出施工企业的流动资金。加之，施工企业缺少抵押担保，难以取得银行贷款，就只好继续拖欠下游分包商、劳务商的工程款，形成恶性债务链，这其中就含有大量的农民工工资。

分包商、农民工为了与施工总承包方继续合作，只好忍气吞声，勉强支撑。事实上，投诉到劳动监察部门或媒体的，仅仅是冰山一角。如此，大量社会矛盾长期隐性存在，形成群体性事件的重大隐患源。须指出，确有个别农民工或农民

---

① 王宏海，郑鹏勋，发表于《建筑时报》2018 年 1 月 26 日，《建筑》杂志 2018 年第 2 期。

工队伍利用政府和社会的关心，制造事端，恶意讨薪。笔者所在单位，就曾被一农民工包工头采用封门堵路、聚众起哄等不法手段，在合同结算之外，恶意索赔两百余万。政府有关部门为了"维稳"，要求我单位"吃亏是福，顾全大局，算了。"但这毕竟是极少数的个案。

决算完成后，建设单位仍然拖欠的，并不多见。这一方面是因为已拖欠数年，另一方面即使再拖，施工方凭决算即可诉诸法律。

决算久拖不决的原因

笔者调研分析，决算久拖不决的原因主要有以下几点。

一是资料不全。各种因素造成决算所需的变更、签证、纪要、工作联系单、竣工图等不齐全，或不符合规定，是决算久拖不决的普遍原因。

二是部分施工企业不重视日常资料，或人员变化，涉价文件遗失，不能形成完整的决算资料。

三是竣工结算本来是甲乙双方按合同约定，对工程最终价格进行平等民事核对的行为。但许多建设单位或其委托的造价咨询公司摆不正心态，认为是我审你，"你一定有问题"。有的单位以反腐为理由，设置了不科学的、过于复杂的审核机制，有时却造成层层扒皮，雁过拔毛，延误时间。有的还实行审减提成，多家再审，刺激造价咨询公司加大审核"力度"，造成与施工方的对立。有时，由于过于苛刻和不公平，却导致施工方与审核人的串通与合谋。

这三种现象，需要施工企业、建设单位、造价咨询单位加强内部管理，增进诚信自律意识，共同提高结算工作质量。

四是"量价双差"博弈导致工作拖延。由于压价、垫资等原因，施工方走"前门"获利的空间被压缩殆尽，只能靠"双差"获利，这种价格扭曲是我国独有的，且已成为行业惯例。表现在：（1）招标文件中大量存在暂定价，形成甲乙双方对材料"价差"的博弈，加之暂定价材料设备供应商的关系干扰，使得这一过程变得极其复杂，难以及时形成认质认价的决算依据；（2）工程量实行据实决算，诱发施工方对工程量"量差"的追逐和博弈。

五是部分建设单位为了"合法"拖欠，故意寻找各种理由，不配合，不签字，甚至认为拖欠款很正常。当然，也有的建设单位对基建管理不专业，"怕被蒙蔽"，或对自己委托的造价咨询单位不够信任，就有意无意地"放一放"。也有个别施工单位提出无理要求，恶意索赔，造成决算拖延。

六是部分政府项目层层审核，建设单位审核了，还要政府财政部门、审计部门再审，把政府部门对建设单位的评审或审计，变成了普通的决算审核，造成拖延。有的项目对拖欠款习以为常，从一开始就准备拖欠，甚至后任不管前任账。

而对政府项目，施工企业更不可能诉诸法律。

问题如何解决

上述第四种现象"量价双差"，是 20 世纪 80 年代实行"包工包料"定额结算制度以来，建筑行业长期没有解决的老大难问题。这是由于我国工程造价改革还不够到位，至今仍实行世界上少有的"定额"体系。施工方不是靠管理费和创新获利，而是靠"量价双差"及"定额单价"获取利润。这是极其不合理的，必须通过加快"市场决定造价"的造价体系改革加快尽快解决。具体措施是：实行"标前招标"，招标时确定材料品牌范围，施工方自主报价，减少暂定价和认质认价，以解决"价差"；用中标工程量包死，代替工程量据实决算，以解决"量差"。迫使施工方靠管理和创新取利，杜绝低价抢标。

我国的建设单位，尤其是国有投资工程，常常是临时成立的基建班子，干完解散，主管领导常常并非专业人士。而由于我国工程咨询（投资）、设计、造价、招标、监理的"五龙治水"体制，造成工程咨询服务业的碎片化，建设单位得不到一体化、全过程的工程咨询支持。一个新任的政府统建办负责人抱怨，"一大摊决算，一堆子乱麻，当初咋弄的？简直理不清，无从下手。"

前述第五、六种建设单位和政府管理的问题，实质上是第四种问题的内在原因。笔者认为，长期以来，建筑行业管理"重硬轻软"，即重施工，轻设计咨询。建议结合推行建筑师负责制和全过程工程咨询，加强对设计、造价等工程咨询体系的顶层设计，强化业主方项目管理，从制度设计上减少"图、量、价、材"分体式描述造成的"错、漏、碰、缺"，提高决算资料的精细化。这一措施，可从源头上提高招投标、造价和合同管理的质量，有利于提高决算质量，加快决算进度，从体制机制上着力解决决算难问题。

另外，我国建筑立法和市场监管重乙方、轻甲方，建筑市场治理多放在对施工企业这一"弱势群体"的严管重罚上。建议政府管理部门加强对建设单位行为的研究和管理，提升政府对建设单位的服务和指导，促进建设单位基建管理能力的提升。建议制定《建设单位管理办法》，使得政府市场管理能覆盖和惠及这一死角。比如，（1）明确住建行政部门为建设单位行为的监管部门，政府"招投标管理处"可转变职能，改为"业主监管处"；（2）建立、完善工程设计咨询制度体系，强化市场主体的契约意识，提升工程设计和招标文件的精细化；（3）把建设单位行为监管纳入建筑市场诚信体系，加强合同备案及事中、事后监管。对诚信履约差、恶意不配合决算的建设单位行为进行检查，在诚信平台上予以曝光；（4）工程决算与竣工备案、房屋销售、新开工程手续挂钩；（5）实行建设单位、施工企业诚信履约互评互检制度；（6）实行工程款支付担保；（7）加强政府工的发包、决算和欠款管理；（8）农民工工资保证金由建设单位办理建审手续时缴存等。总之，要通过政府的管理和引导，加强建设单位行为及工程决算的监管，彻底解决工程领域农民工工资拖欠根源。

行业的无助和保证金制度的错位

决算久拖不决，后果如此严重。有人会问：为什么不寻求法律或仲裁？

这是因为，《建设工程施工合同》标准文本规定，决算完成时间由双方在专用条款中约定。但即使合同规定了完成时间，由于现行工程计价模式的复杂性和模糊性，加之工程巨大，使得竣工决算作为一项专业性极强的工作，已变得十分艰巨而复杂，费力耗时，成为困扰甲乙双方的最头痛问题。加之，竣工决算属核对性质，须双方认可一致并签字。因此，即使诉诸司法，也首先需要双方和司法鉴定单位的专业预算人员确认一致。因此，绝大多数的施工方选择了与建设单位及其委托的造价咨询单位打持久战、磨时间的蘑菇战，消耗了大量社会资源。"干两年，决三年，要三年。"一个工程项目，从投标到收款，少则四五年，七八年也常见。就这样，在决算及拖欠款问题上，司法支持难以发挥保底作用。

数年前，政府建立了施工企业缴纳农民工工资保证金的制度。事实证明，动用如此巨大的行政资源，并没有抓住问题的"七寸"。笔者建议参照节能押金等制度，将农民工工资保证金改由建设单位办理建审手续时缴存，把建设单位纳入解决农民工工资问题的保障体系之中。

需要说明的是，非国有投资工程签订合同时甲乙双方约定的垫资施工、带资承包，属于双方自愿的市场行为，应予以认可。但政府工程不允许垫资，资金不落实不许开工，则是必须的。这符合国际惯例。

农民工欠薪可找劳动部门投诉，法院可以曝光、执行"老赖"。而工程决算久拖不决，施工企业却没有一个"说理"的地方，十分无助，这不能不说是我国社会治理中的一个巨大漏洞。可是，谁来补？

建筑工地及关联产业，是贫困地区群众打工收入的重要来源。解决决算久拖不决难题，可体现建筑市场监管对精准扶贫的支持，应多部门联手，尽快予以解决。

设计师可以指定产品吗？①

——《建筑法》第五十七条的理解与运用

《建筑法》不允许设计单位指定材料厂商，被建筑师及专业设计工程师吐槽，并提出许多诟病的理由。

1997年颁布的《建筑法》第五十七条规定，"建筑设计单位对设计文件选用的建筑材料、建筑构配件和设备，不得指定生产厂、供应商。"条文释义强调，这是为了保护厂商公平竞争、节约投资、防止设计单位腐败。

设计师有权指定产品厂商吗？《建筑法》规定真的不合理吗？

笔者猜想，世界上不会有哪个国家或组织允许设计师在图纸上制定设备厂商的。这是由于对《建筑法》的不正确理解造成的。

长期以来，围绕建筑主要材料和设备（简称主材设备）的厂商确定，各参与方斗智斗勇，各显神通，形成了建筑行业"水太深"的社会认知。在这一博弈过程中，设计方的话语权基本丧失，而业主方则由于缺乏专业单位的顾问支持，不但付出较高的学习成本，整个过程焦头烂额，而且采购效果不尽人意。

笔者20世纪90年代曾在设计单位、国企基建处工作，后来从事施工总承包及投资开发。笔者以多角度切身体会认为，这是由于缺乏设计单位的专业顾问，或因为我国的设计单位对材料设备仅提供型号、规格，不提供"材料说明书"及三个以上的比选厂家，未能形成设计、业主、施工三方在决定主材设备方面的合力，因而采购过程缺乏依据，造成"水太浑"的尴尬局面。今天要做的是，结合全过程工程咨询，正本清源，准确理解《建筑法》规定，提升设计师的对主材设备性能、价格等的专业认知能力，结合编制工程量清单和招标文件，完善材料说明书，获取业主信任，确立设计单位的咨询顾问定位。

《建筑法》第五十六规定，"设计文件选用的建筑材料、建筑构配件和设备，应当注明其规格、型号、性能等技术指标，其质量要求必须符合国家规定的标准。"显然，建筑法虽然规定设计文件不得指定生产厂、供应商，但却并没有限制招标及造价文件对主材设备的品牌范围作出约定。因此，目前不管是政府工程"综合法"，还是房地产、外商投资、国际金融机构项目的"低价法"施工招标中，对主材设备通常有以下几种定义及采购形式：

---

① 王宏海　发表于《建筑设计管理》2017年第12期。

1）乙方自主报价，自主采购：招标文件约定投标人自主报价并包死，中标后乙方自主采购。适用于"规格、型号、性能等质量、技术指标"定义清晰，"品牌价格差异"不大的主材设备，如钢材、预拌混凝土、地材等通用材料。这些自主报价材料，乙方中标后一般依照最低价中标原则招标采购，市场竞争充分，较少受到外部人情干扰。

2）甲定范围，乙方自主报价，自主采购：甲方在设计咨询方的协助下，在招标文件中限定三家以上的品牌范围，投标人自主报价并包死，中标后乙方在限定范围内自主采购。适用于"规格、型号、性能等质量、技术指标"定义清晰，品牌价格差异较大，但同档次品牌至少可以找到三家以上的主材设备，如电缆电线、配电箱柜、安装管材、阀门等。这类"认品牌范围、不认价"材料也叫作"认质不认价"，乙方一般依照最低价中标原则采购其中一家即可，亦较少受到外部干扰。

3）暂估价：招标文件给出暂定的统一价格，施工过程甲方联合乙方，通过招标、议标、比价、谈判等形式选择供应厂商，由乙方签订合同，负责采购。适用于"规格、型号、性能等质量、技术指标"较难清晰定义，品牌价格差异较大的主材设备或专业分包工程，如电梯、空调主机、发电机、灯具、石材、装饰板材、幕墙、门窗、高档玻璃等，以及个别新型建筑材料，如外墙涂料、防火、保温、隔墙板等材料。这些"认质认价"材料的招标，是各方利益博弈的重要对象，最容易受到外部人情干扰。

4）平行分包：一些建设单位将幕墙、门窗、电梯、消防、智能化、洁净等专业工程先列为暂估价范围，然后施工过程中甲方单独二次招标，并直接与专业承包单位签订合同，并支付总承包商以"总包配合费"，名之曰"平行分包"。这种二次招标，实质上也属于"认质认价"的范围，也是各方利益博弈的重要范围，同样容易受到外部的人情干扰。这种平行分包，加剧了项目管理离散化，加大了工程成本，影响建筑品质，事实上损害了业主项目的根本利益。

5）甲指品牌，乙方采购：招标文件中甲方指定单一品牌，提供价格，乙方据此报价、采购即可。一是适用于连续基建的建设单位对部分材料实行的集团采购或战略合作；二是甲方或关联单位自产产品；三是市场独有的创新产品；四是特定设计的单一产品。

6）甲供材：一些甲方习惯上供应钢材、水泥，或对一些5类材料转为甲供，但目前甲供材方式应用较少。

上述1、2主材设备价格竞争较为充分，采购综合效果较好，是相对合理的主材设备确定方式，3、4应尽量减少或杜绝。如某地产公司的一个精装修经济适用房项目，全部材料均为1、2、5，主材设备均由乙方按招标文件约定自主采购，最终工程决算造价比同类项目低25%。

现实问题在于，由于代理人利益诉求等各种原因，政府工程中习惯上将 2 类材料转为 3、4。大量项目数据证明，同样的主材设备，3、4 类与 2 类方式相比，采购价格通常要高出二三成，甚至更高。有的城市规定 3、4 类暂估价材料不能超过工程总造价的 30％，也不是治本之策。

房地产项目为了控制成本，亦习惯上采用 3、4、5 种方式，有的大型房企还设立战略供应商库。这些办法，也是因为缺乏设计单位对材料选择、招标的顾问支撑，业主方的无奈之举。这些方式造成大量的二次招标，工程肢解和博弈扯皮，使得质次价高产品防不胜防，人情材料充斥，甚至"大货"与约定"封样"不一致，加大了工程管理难度和工程总造价，严重影响了工程建设的整体性和建筑品质。

笔者参照一些建设单位做法，研究并提出的解决的办法是：尽量将 3 类暂估价及 4 类平行分包转化为 2，由设计单位随图纸平行编制、提供"材料说明书"，让市场竞争决定材料供应商。具体地，需参考设计单位的材料设备数据积累，或通过"标前招标"确定"材料说明书"的编制依据。"标前招标"具体如下：

在设计阶段，发挥设计人员的专业优势，由设计方配合甲方，对"价高量大"的材料和设备，按照设计文件提出的"规格、型号、性能等技术指标"，通过招标、议标、竞争性谈判等方式，让各潜在品牌厂商报出模拟的"初步报价"，找到三家以上能满足设计要求且品牌价格差异不大的主材设备，并将品牌范围在施工招标文件中予以约定，由投标人自主询价并做出竞争性报价，进而由中标的乙方通过招标自主决定最终的供应厂商。这里，建设单位及监理单位只需按照招标文件约定品牌范围及"封样"质量，严格进场检验与验收程序即可。相应地，招标最高限价中的材料设备单价也据此"标前招标"的"初步报价"进入，而不是执行"政府信息价"或暂估价。这种"标前招标"通常适合于：电梯、空调机组、发电机、消防系统、智能系统、电线电缆、配电箱柜、开关阀门、石材、墙地砖、幕墙、门窗等前述 2、3、4 类材料或设备。有了"标前招标"的结果作为依据，设计咨询方就可以编制出"材料说明书"，投资估算、设计概算就会更加"靠谱"，真正起到对方案和初步设计的技术经济控制作用，也可"框住"施工图预算，杜绝"预算超概算，决算超预算"顽疾。这种办法还有助于加快工程决算速度，有利于质量、性能指标高于"国标"的创新产品的应用和推广。

有建筑师举出贝聿铭设计的北京西单中国银行、中国驻美使馆等建筑指定要用意大利石材，并且去石材产地指定石灰石的原始部位，想说明《建筑法》不许设计师指定品牌厂商是欠合理的。这显然是混淆了建筑法规定的概念。经验告诉我们，设计师直接指定主材设备的品牌或供应厂商，无法形成采购合同最需要的价格及付款条件，因而在项目实践中其实是无法操作的。且这既违反法律规定，国际工程建设管理中也无此惯例。而贝聿铭等设计师所指定的，都仅仅是《建筑法》五十六条规定的"规格、型号、性能等质量、技术指标"，并不是生产供应的具体厂商。通常，对于这类设计指向较明确的主材设备，建设单位还要根据设计师的上述要求，通过竞争方式选择既能满足设计要求，又价格较低的最终供应厂商，"标前招标"就是一种最好的办法。当然，设计师或业主经常使用的优秀材料供应商，价格透明稳定，也可以有业主与设计师共同直接确定。

"标前招标"机制的合理性在于，它将暂估价、平行分包等"标后招标"前移至设计定义阶段，可大大减少标后"认质认价"过程中的人为干扰，降低由此造成的停工待料损失，有效控制并降低工程总造价。同时，由于施工承包商必然是采取最低评标价中标这一国际通用规则实行主材设备招标，因而，这一套办法，可从机制上防范设计单位、建设单位、施工单位等各个环节的材料腐败。

综上分析可以看出，《建筑法》不允许设计文件指定厂商品牌是正确的。而设计单位在图纸明确"规格、型号、性能等质量、技术指标"后，作为建设单位的顾问方，通过自身材料数据库或"标前招标"，在材料说明书中约定主材设备的品牌范围，既是十分必要的，在现行《建筑法》下也是可行的，与国际惯例也是一致的。

发挥建筑师的主导作用，合理定义主材设备的技术质量指标和品牌范围，编制"材料说明书"，是全过程工程咨询交付成果的重要组成部分，也是对《建筑法》第五十六条、五十七条规定的正确理解与合理补充，应大力推广。

为低价中标正名[①]

低价中标"饿死同行、累死自己、坑死甲方",导致质量低劣或纠纷扯皮的舆论广为流传。但政府主管部门和项目利益相关方却找不到这种现象的症结所在,也提不出更好的招标投标模式。同时,这种困境也引起了一些有识人士、管理者及高层领导深入思考和研究探索,本文试图解惑"为什么国际通行的低价中标方式,在我国却行不通?到底怎样招标才算合理?"

深圳某民营建筑企业,在某大型房地产企业完全相同的高层住宅项目招标中,报价比某些建筑央企高8%,但凭借其明显高于其他投标人的质量封样、质量承诺及企业工法标准(如铝合金模板体系等),建设业主仍以经评审的最低投标价授予其合同,其决标依据是优质优价。这又是怎么回事?

《招标投标法》规定的招标评标方法有两种,即综合评估法(简称综合法)与经评审的最低投标价法(简称低价法)。现实中,世界银行等国际金融机构项目、外商投资项目、房地产等私营项目普遍采用低价法,而国有投资项目多选用综合法。

在综合法条件下,由于现行招投标制度游戏规则的不完善、不细化,加之清单定额化及市场决定造价改革的停滞,使得综合法下的投标与评标较为复杂和隐秘,即使主要领导不插手招标,其他人被拉拢也容易造成围串标,而建设业主主要领导又必须对此承担责任,这也是一些业主领导担心、忧心的原因所在。事实上,综合法中撇开其他评标条件,仅就商务报价而言,严格公平竞争,理论上也应该是价格较低者中标。据有关报道,在综合法下的政府项目招标,动辄报名单位上百家,而其中常常是被若干"标头"或"甲代"所控制,蝗虫式围标、"产业化"围标,在许多地方较为泛滥,屡禁不绝。其中原因,主要还是这种招投标的游戏规则,尤其是最高投标限价与定额捆绑的工程计价制度,存在先天缺陷,亟需改革。

低价法条件下,同样由于缺乏围绕这一法定制度建立的严谨、有效的招投标执行细则,也容易使坏人钻空子,好人难以做事,造成了低价法这一世界通行的招投标规则被污名化。专业人士认为,今天要做的,不是废除低价法这一世界通行的招投标规则,而是建立和完善招投标制度体系,还低价法以本来面目,为其

---

① 王宏海,强茂山,发表于《建筑时报》2017年10月16日。

正名。大量案例研究证明，万科、中海、招商局等地产企业及世界银行项目，采用低价法，与同类工程采用的综合法比较，效率显著，工程造价普遍要低15％以上。有的开明业主主要领导想采用低价法招标，但由于缺乏执行细则的支撑，也常常半途而废，随波逐流。为了避腐、躲腐，保一方"安宁"，他们宁肯不上或缓上项目，客观上又造成惰政、懒政现象的出现。

建筑业十三五规划明确要求，"对采用常规通用技术标准的政府投资工程，在原则上实行最低价中标的同时，推行提供履约担保基础上的最低价中标，以约束恶意低价中标行为。"必须说明，最低价中标是经评审的最低价中标的简称，不是唯最低价中标，它是一种工程建设组织模式，是一套系统的制度规定。就此组织模式，结合国际惯例与中国国情，清华大学建设管理系长聘教授强茂山、邓晓梅副教授总结为"真招标，详定义，早发布，严资审，强担保，细评标，最低评标价中标"。这种工程建设采购模式若能在国有投资项目中推广，则将有效发挥低价法的作用，推动建筑行业供给侧结构性改革。

真招标，指招标人从主观上首先想通过招标的方式选择质量好、履约能力强、报价较低的投标人，拒绝假招标及围串标行为。招标人可通过详定义，强担保，细评标等系统措施杜绝各种形式的围串标行为，使得投标人的思想与行为从招投标开始即受到严格的制度约束。

详定义，指招标人发布的招标文件需做到精细化项目范围定义，这是"低价法"圆满成功的必须前提。调研发现，过去"低价法"招标出现的各种问题，无不是招标文件简单粗糙、漏洞较多，招标标的物描述及各方责任的约定等未做到详定义。精细化项目定义具体包括"公道、完整、清晰"。所谓公道，就是招标条件应符合公平、互利的市场原则。包括付款条件及工程款支付保障，投标报价以企业定额和市场价为基础，风险承担要合理等。经验证明，任何招标人凭借卖方市场地位而无视市场规则的，必将双输，而甲乙双方的串通又将面临极大的法律风险；所谓完整，就是合理划分标段，保持招标范围完整，避免过分拆分招标、二次招标和暂估价。要求招标之前，对设计文件、工程量清单、施工合同、验收标准、材料封样等设计和招标文件进行一体化复合会审，形成一整套精细化的工程定义文件，减少设计、招标文件等分体化造成的"错、漏、碰、缺"；所谓清晰，就是项目定义文件中需对标的物及实施条件、过程和验收标准等进行清晰描述，并对发承包人及第三方责权利等进行尽可能准确、详尽的约定，而应用BIM技术是一种十分有效的手段。在市场经济条件下，这种详定义的契约质量，是对发包人行为能力的极大考验。《国务院办公厅关于促进建筑业持续健康发展的意见》（国办发〔2017〕19号）要求推行全过程工程咨询。这种发挥专业人士作用、"专业事让专业人干"的设计咨询服务模式，有望解决我国工程咨询服务碎片化问题，是实现详定义的有效措施，应引起建设业主的高度重视。

早发布，指招标人要尽可能提前（如大型国际工程项目一般给半年以上投标时间）发布招标信息，广泛接受意向投标人报名、咨询，并实行资格预审，就可以低成本地找到所需数量和资质的潜在投标人。

严资审，指招标人可遵照"熟悉、可靠、积极"的资审原则，通过考察、资信查证、谈话、承诺等方式，根据《招标投标法》选择三家以上的合格潜在投标人，确保通过资审的任何一家中标后都有能力、有自信履约合同。必须指出，由于我国市场主体诚信体系尚不完善，加之存在大量的挂靠、承包行为，为保证低价法的成功，应配套进行更严格的资格预审，并辅以强担保。

强担保，是指招标文件及合同要约中须配套设置合理有效的履约担保，这是投标人中标后保障项目质量和进度目标、防止停工扯皮的必要手段，对恶意低报价也是一种有效约束。

细评标和最低价中标，指在详定义、严资审和强担保条件下，遵循经细评审后的最低评标价原则，按照招标文件规定的评定标办法，经科学评标确定中标候选人。实施中要求评标过程必须留出充裕时间，通过清标、询标、单价评审、电子化评标等手段进行细评标。这里，投标人高怕不中、低怕亏钱的"两难"心理，可迫使投标人根据自己企业的成本加一定的利润报出一个相对合理的低价。这种招采模式可逼迫投标人建立企业定额，以准确预测成本，做到合理报价。而至于投标报价是否低于投标人的成本，只有他自己知道。通常，上述报价约束机制、专业评标以及投标保证金等措施，即可有效抑制投标人的围串标、恶意低价、恶意不平衡报价等不当行为。

工程招投标以价格竞争为主要竞争手段，符合国务院（2016）34号文件《关于在市场体系建设中建立公平竞争审查制度的意见》要求，"逐步确立竞争政策的基础性地位。"而且，推行低价法竞争制度，还必须配套建立过程监督、事后评估的市场诚信评价及保险体系。

低价法还能从根源上实现防腐，这是因为此模式下乙方依靠价格优势中标，只有正常经营管理利润，没有超额的投标利润，也自然就没有了回扣、承诺等支出的来源。事实上，这种制度模式下建设业主已自动放弃了招标过程中决定谁中标的寻租机会。因而，从机制上分析，乙方不可能去贿赂或感谢谁。

在低价中标制度下，施工方会恶性低价抢标吗？不会。因为投标前有项目定义文件约定，投标时有评标手段制约，施工过程有履约担保保证，竣工后有履约诚信评价约束。在这些配套措施约束下，投标人主观上不会恶意低价抢标，客观上，即使低价也未必能中标。这里需指出，不同的企业由于管理标准、工法体系的不同，施工成本并不相同，甚至相差较大，因此评定标过程中判断各投标人依据企业定额编制的报价"是否低于成本价"往往是无解的，而这也违反低价法中标的原则。

另外，为鼓励优质优价，招标文件及施工合同须设置严密的封样及质量挂钩等评审制度，对那些质量封样及质量承诺水平较高的企业，可予以加分，并且按封样验收、考核、付费。正如前述深圳某民营企业的 8%，正是对实现优质优价的加分奖励。

需要注意的是，设计咨询类招标不可以以价格竞争为主要竞争手段，这是因为设计咨询具有智力服务的特性，不同于工程施工或设备招标。还有，在一些材料设备的招标评审中，品牌溢价因素也应该在评、定标条件中予以考虑。

执行"低价法"的结果，首先是建设业主的利益得到了保证，实现了项目利益最大化。其次是通过价格竞争，淘汰那些靠关系、管理差的建筑企业，而创新能力强、管理精细的企业必将胜出，并代表中国建筑企业走出国门，参与"一带一路"项目国际竞争。只有他们才真正具备实力参与国际建筑市场的竞争，因为国际建筑市场实行的正是"低价法"竞争规则。当前，"一带一路"项目需要中国建造、中国标准走出去，建筑业供给侧结构性改革需要转型升级，工程建设领域急需防腐型制度，而低价法竞争规则正是提高供给端能力、制度防腐的助推剂和奠基石。

事实上，不论是综合法还是低价法，都是《招标投标法》规定的合理规则，国际上也大同小异，基本如此。对低价法的污名化和争论，客观上转移了社会的注意力。其实如本文所述，综合法、低价法从机制上原则上都是价低者中标，两种办法都没错。问题在于，政府投资工程要像民营企业项目那样，首先要做到真招标，即招标的目的是通过竞争，选择有实力、质量优、价格低的承包商，实现招标人项目利益的最大化。显然，政府工程项目目前大部分仍然做不到这一点。再者，只要是真招标，招标人自然就会关注精细化的工程定义和招标文件，也才是社会应该关注的地方。

专业人士都知道，通常只要招标人是真招标，投标人一般就不会去组织围串标，也不会低价恶性抢标。显然，解决真招标，路还很长，而持续二十多年的低价中标争论，还将伴随之继续下去。

全过程工程咨询须以设计为主导、建筑策划先行^①

住建部建市〔2017〕101 号文《关于开展全过程工程咨询试点工作的通知》，是落实国办 19 号《关于促进建筑业持续健康发展的意见》文件的专门部署。本文回顾了我国工程项目管理与咨询服务模式的演变历程，通过国内外建筑设计服务范围的比较研究，提出全过程工程咨询须以设计为主导、建筑策划先行等观点及政策建议，供同行研究者及政府管理部门参考。

1 我国工程项目管理与咨询服务模式的演变

1.1 业主自管模式

20 世纪 90 年代中期之前，受首个世行援助项目"鲁布革冲击"的影响，我国开始在工程项目中逐渐推行与国际接轨的四项重要制度，即项目法人负责制、招标投标制、工程监理制和合同管理制。由此，我国逐步确立了建设业主的项目法人地位，项目法人对项目投资、立项、设计、招标、造价、施工管理、竣工验收等全过程负责。在 1996 年强制推行工程监理制度之前，一个工程项目除了将投资咨询、勘察设计委托给咨询和勘察设计单位承担外，项目的招标、造价及项目管理一般都是业主的内部职能——这可以权且称之为"业主自管"模式，参见图 1。

图 1　工程项目管理和咨询服务模式的演变示意

1.2 工程咨询"碎片化"服务模式

1988 年我国开始试点监理制，1996 年正式颁布《工程建设监理规定》，实行强制性监理制度。初期，监理职责曾体现出全过程项目管理的特点，即所谓"三控制、两管理、一协调"，初衷是希望在一定程度上代行"业主自管"职能。后

①　王宏海，邓晓梅，申长均，发表于《中国勘察设计》2017.07，总第 298 期。

来实施中，一方面由于没有坚持国际通行的以设计为主导，使得监理企业技术含量及权威性不足，另一方面由于后来推行造价咨询、招标代理制度，使监理的投资控制和项目管理职能被削弱，逐步导致监理形同虚设，演变成甲方的"质量员"、"安全员"，设计院也只是"画图的"，造成了工程咨询服务的制度性分割——这被专业人士称为所谓的工程咨询服务"碎片化"模式。

大量"碎片化"案例研究证明，在此模式下，描述标的物的"项目定义文件"由设计、招标代理、造价咨询等机构分别完成，建设意图由各家"分体式"表述，使得工程项目从源头上就存在大量的"错、漏、碰、缺"，后期必然造成后期变更增多、工期延误、建筑品质降低等各种弊端。同时，"五方"乃至七方责任主体对工程共同负责却难以追责，造成业主疲于协调，各干系方内耗加大，项目利益受损。这种"碎片化"模式已进入到发展的瓶颈期，受到广大业主的诟病。

1.3　全过程工程咨询服务模式

这次全过程工程咨询服务试点推广，目的是深化工程建设组织管理模式改革，提升我国工程咨询行业"供给侧"的内在素质，让咨询回归咨询的本质，与国际模式接轨，参与"一带一路"建设。笔者认为，在我国建筑业体制下，全过程工程咨询包括的范围可以参见图2，咨询服务提供商可根据业主委托需要提供全部或部分咨询服务。

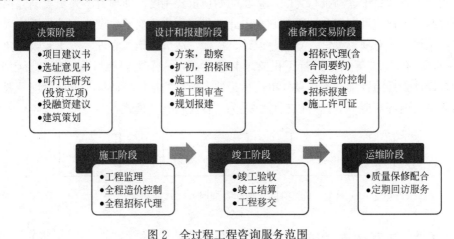

图2　全过程工程咨询服务范围

2　国内外建筑设计服务范围比较

2.1　国内外建筑设计服务范围的比较

通常，国际通行的建筑设计咨询服务程序一般可划分为建筑策划、建筑设计、招投标、施工监理与运营维护等五阶段，参见图 3。

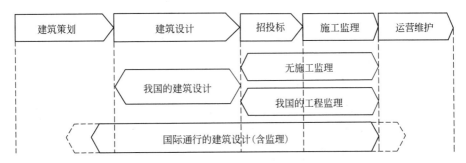

图 3　国内外建筑设计服务范围比较

　　国际上，建筑设计公司（事务所）通常可以向业主提供从建筑策划至设计全程（含策划、方案、扩初、招标图，乃至施工图等）、招投标、施工监理等"一条龙"的全过程工程咨询服务，也可以根据业主需要，提供一个或数个阶段的"菜单式"咨询，如拿地策划、设计方案、施工图设计等单项服务，而我国的设计公司（院、所）只能提供图纸设计，这种现状已不能满足建设业主对工程建设组织方式的多样化需求，应该予以改革。

2.2　建筑师责任的界定

　　UIA 国际建协政策推荐导则中对建筑师职业责任的界定为："包括提供城镇规划，以及一栋或一群建筑的设计、建造、扩建、保护、重建或改建等方面的服务。这些专业性服务包括（但不限于）：规划、土地使用规划、城市设计、前期研究、设计任务书、设计、模型、图纸、说明书及技术文件，对其他专业（咨询顾问工程师、城市规划师、景观建筑师和其他专业咨询顾问师等）编制的技术文件作应有的恰当协调，以及提供建筑经济、合同管理、施工监督与项目管理等服务。"由此看，提供设计全程服务是国际化建筑师的天然职责，其中项目前期研究及全程业务是我国建筑师职业实践的短板。

2.3　我国建筑师的执业现状

　　由于工程咨询服务的"碎片化"，以及前期研究多由业主自行或委托其他专业策划机构完成，我国建筑师就变成了"画图匠"或"造型艺术家"，大部分建筑师只负责设计工作，建筑策划、招投标、造价控制、工程监理等均由业主外委专业机构完成，工程协调管理仍由"业主自管"。由于监理、造价咨询、招标代理的"挤出"效应，进一步造成我国的建筑师（设计院）服务能力得不到培育，基本上不进行策划、不懂材料与造价，不下工地监理，建筑师（设计院）的服务能力不能覆盖工程项目实施全过程。由此可见，我国建筑师在提供建筑师全程业务——全过程工程咨询方面，任重而道远。

3 全过程工程咨询应以设计为主导、建筑策划先行

3.1 全过程工程咨询应以设计为主导

数年前，陈世民大师生前有感于国内不重视设计前期研究、工程咨询碎片化的现实情况，提出了著名的"项链论"，即设想用"带造价的设计"这根"线"，串起策划、设计、造价、招标、监理等几颗"珍珠"，为业主提供增值服务，实现产业链价值最大化。陈大师这里所谓的"带造价"，正是 UIA 建筑师责任中贯穿设计全程的"建筑经济、合同管理"。

一般来说，设计和招标采购阶段决定了工程造价的百分之七八十，"建筑策划和设计"是全过程工程咨询服务最前端、也是最基础的阶段，只有通过策划、可研、扩初等才能"系统"表述业主的投资意图。在设计、造价、监理等各咨询方中，只有设计人员最掌握业主心理，最知道怎样能够实现业主意图，最知道业主有多少钱，在哪个方面愿意多花钱，如何少花钱、巧花钱……总之，"建筑策划和设计"是投资者决策的重要依据，建筑师（设计院）是业主最重要的决策顾问，"设计"在很大程度上决定了全过程咨询的结果。因此，全过程工程咨询只有以"设计"为主导，才能通过设计文件及过程中的变化，充分实现业主的建设意图，而造价顾问和监理只能是设计主导下的专业顾问和补充，参见图 4。

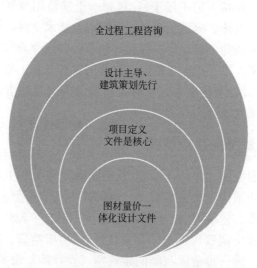

图 4　全过程工程咨询应设计主导、建筑策划先行

3.2　全过程工程咨询应建筑策划先行

关于"建筑策划"，2014 年出版的《建筑学名辞》解释到，"建筑策划是在建筑学领域内建筑师根据总体规划的目标设定，从建筑学的科学角度出发，为达成总体规划的既定目标，对建筑设计的条件、环境和相关因素进行分析，从而为建筑设计提供科学的、逻辑的、优化的设计依据。"

在我国，项目可研与方案设计往往脱节，这是由于在可研与方案设计之间缺少了一个重要程序——建筑策划，参见图 5。在我国，由于建筑策划的缺失，造成我国建筑师（设计院）只能被动依据业主提供的设计任务书及规划条件，按"书"设计，而未能充分思考涉及项目目标决策的全局性、方向性问题，造成在后续工作中往往不得不因前期决策依据不足而反复变更，建筑师由于缺乏方向感只能被动地服从业主反复不定的变更要求，这也在一定程度上损伤了其"主导"设计的权威性。

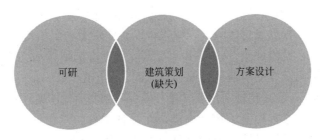

图 5　建筑策划阶段的缺失

国际建协职业实践委员会联席主席、清华大学庄惟敏教授的《建筑策划导论》，开启了我国"建筑策划理论"的研究和实践。他认为，"建筑策划与建筑设计之间不可分割的前后联系，并不意味着建筑策划的研究成果只是建筑设计的前提条件，它在项目的决策、实施等阶段也占有极其重要的地位。"因此，以设计为主导，首先要提升建筑师的策划能力，建议在立项和方案之间增加建筑策划这一法定程序，从而强化"设计"的内在质量，树立"设计"主导的权威性。由此看来，以建筑策划为纽带的可研—方案是决策—设计阶段最有技术含量、最具科学逻辑性的综合创意过程，推行设计为主导的全过程工程咨询，必须做到建筑策划先行。

3.3　"项目定义文件"是全过程工程咨询的核心

依上述，全过程工程咨询应以设计为主导、建筑策划先行，那么，建筑策划—设计的成果——"项目定义文件"自然就是设计主导的核心，因而，"项目定义文件"也就成为全过程工程咨询的核心。

结合国际惯例与中国特色，笔者研究认为，"项目定义文件"是决策－设计－招投标阶段对业主建设意图的全方位体现，可分为策划、扩初、招标图、施工图等设计阶段，它应在建筑师的领导下，造价工程师及各专业顾问工程师配合，由各专业设计工程师共同完成。而要改变工程咨询的"碎片化"，就必须摈弃"图材量价分体式""项目定义文件"的既有交付模式，实施"图材量价一体化设计文件"的集成化交付模式。这里，"图"即设计图纸，"材"即材料顾问文件，"量"即工程量清单，"价"即最高投标限价。

根据我国实际情况，最终交付业主进行招投标的"项目定义文件"应包括设计文件及招标文件，这也是施工招投标、施工及施工监理的重要依据，其中招标文件应包括：招标工程量清单、招标最高限价、营造细则、施工合同要约等。它应该以建筑策划为基准，在不同设计阶段通过价值工程、复合会审、综合寻优、BIM 技术等反复优化深化，最终以设计为主导"一站式"完成，并力求做到"精细化"——"公道、完整、清晰"。

所谓"公道"，就是招标人提出的招标要约，要符合公平互利的市场原则。包括付款条件及工程款支付保障，投标报价以企业定额、市场价为基础，风险承担要合理，等等。经验证明，任何招标人凭借卖方市场地位而无视市场规则的，必将双输，而甲乙双方的串通又将面临极大的法律风险。

所谓"完整"，就是招标范围要"能招就招"，标段划分要合理，尽量减少分解招标和暂估价。这首先要求招标之前，对设计文件、工程量清单、施工合同、验收标准、材料封样等设计和招标文件进行"一体化复合会审"，形成一整套的"项目定义文件"，减少设计、招标文件等分体造成的"错、漏、碰、缺"。

所谓"清晰"，就是在招标阶段，招标人需对标的物及其实施条件、过程和验收标准等进行清晰描述、并对发承包人及第三方责权利等进行尽可能准确、详尽的约定。在市场经济条件下，这种契约能力，实在是对发包人行为能力的极大考验。

3.4 制定我国"项目定义文件"技术标准的建议

大量案例研究证明，在我国前期缺乏建筑策划理论指导、过程咨询服务"碎片化"的现状下，设计与招投标、造价管控缺乏有效衔接，形成图纸可计价性不足、工程量清单缺量少项或描述不清、暂估价过多等现实问题。建议结合推广全过程工程咨询，及早制订关于"项目定义文件"的行业技术标准，主要有：《建筑前策划后评估程序文件》、《建设工程施工图及招标工程量清单一体化交付标准》、《建设工程招标图交付标准》、《营造细则编制规定》、《全过程工程咨询合同》合同范本等。

所谓"营造细则（Specs）"，是国际工程招标中由设计方编制的与图纸配套的对施工工艺、材料、质量等规定的详细描述，类似我国施工招标文件中的"工程验收标准：各种有关国家施工验收标准＋工程量清单项目描述"。但国际上"营造细则（Specs）"系由各设计单位自行编制，设计、施工标准"统一"，且更细致、更有针对性。而我国的设计规范、施工验收规范及工程量清单项目描述则由"国家"或行业协会编制，且"不统一"、较宽泛。这也是工程咨询服务"碎片化"的表现形式，需通过推行全过程工程咨询逐步相互统一。

4 应优先支持设计企业发展全过程工程咨询

以上论述得出结论：全过程工程咨询须以设计为主导，建筑策划先行。那么，全过程工程咨询的"主导者"应该是谁？

4.1 设计主导的全过程工程咨询总牵头人

以设计为主导、建筑策划先行，实施全过程工程咨询，关键在于全过程服务的总牵头人，显然要满足这种"超级复合式"咨询服务，需要总牵头人至少要做到"五懂"，即"懂策划、懂设计、懂造价、懂材料、懂施工"。

笔者认为，我国费大力气建立的工程咨询专业人士注册制度，包括建筑师、规划师、结构工程师、设备工程师、建造师、监理工程师、造价师等——此处统称为注册师，皆有其深刻的合理性。我国每一类注册师的知识结构都要求全面覆盖相应专业技术加项目管理、成本管理、建筑经济、安全管理、法律法规等工程管理知识体系，只是在专业技术方面各有侧重而已，因此都应具备担任全过程工程咨询总牵头人的潜质。因此，全过程工程咨询总牵头人可以向所有真正具备相应服务能力的上述各类专业人士开放，而期中最重要的"业主信任"问题可以结合"个人执业保险"制度予以完善。

当前在国务院"放管服"的政策背景下，我们判断不大可能由政府来为总牵头人资格设定新的门槛，接下来可以研究如何以新的市场化手段来遴选、甄别总牵头人。至于这个总牵头人具体叫个什么名字，也可以进一步探讨。清华大学邓晓梅课题组提出的"首席监造人制"，结合"个人职业保险"制度，已率先做出系统探索，并已在珠海横琴新区试点。

从 UIA 国际实践及工程项目内在逻辑看，建筑师显然应是担任总牵头人的最佳人选，这一认知与我国建筑师能力的现状无关。至于我国建筑师能否堪当此任，最终需要接受市场的检验，希望他们能够接受挑战，内强素质，肩负起全过程工程咨询的历史责任。

此外，实施中还要制定专门的制度，显著提升总牵头人的待遇，通过完善职业互助保险，发现价值，降低职业风险，保障业主及总牵头人等的利益。

4.2 设计企业应发挥优势，率先实践全过程工程咨询

鉴于设计在全过程工程咨询中的主导作用，建议政府管理部门在允许设计、监理、造价等市场主体平等参与全过程工程咨询的前提下，优先鼓励、培育设计企业率先发展全过程工程咨询服务能力。这是因为设计企业处在产业链上游，人才综合素质较高，只要前期加强建筑策划研究，中期适当进行图纸和招标、造价环节的"微创新"，后期积极参与工地管理，就能快速完成华丽转身。国际著名设计企业如阿特金斯、AECOM 等就是以全过程咨询业务为主，传统意义上的建筑设计只是其全部业务的一少部分。此外，试点中必须要注意区分设计企业发展工程总承包与全过程工程咨询两类不同性质的服务，前者是"包工程"，后者是"包咨询"，此二者在责任性质、价值诉求、盈利模式和服务采购模式上都完全不同，需要分别建立相互独立的服务标准体系。

项目管理公司或大型监理公司转型从事全过程工程咨询，对于一些大型群体项目，可发挥其全过程项目管理服务的专业化优势，是发展全过程工程咨询的另一类重要市场主体。除此之外，一般监理、造价及招标代理等企业等欲"整合"设计环节，从目前看尚有较大的难度，但也并非完全没有机会。目前，上述各类工程咨询市场主体也都在积极向前向后延伸服务，市场也已经的确出现了一些全过程监理或项目管理、全过程造价管理、全过程合同服务等新业态。但无论是任何工程咨询服务主体，即使是作为工程管理类的专业服务主体，若其从事全过程工程咨询，具体工作的切入点和抓手，仍然必须是"建筑策划和设计"，否则容易缺乏实质性内容，形成"泛管理化"、"泛咨询化"，远离全过程工程咨询的初衷，偏离国际惯例轨道。

总之，正如中国勘察设计协会王树平理事长指出，"全过程工程咨询是市场的产物，是建筑业的最高端服务，要注意国际惯例与中国特色的融合"，在这一融合与博弈中，设计、监理、造价企业或其他市场主体都有自己的发展机会，但谁将执全过程工程咨询之牛耳，最终有待于市场的检验。政府管理部门应当充分信赖市场的选择机制，一方面充分开放市场，一方面依赖工程保险与担保等市场机制控制风险，不必越俎代庖。

4.3 建议重新划分"责任主体"

这次推广全过程工程咨询，建议借此机会将国际规则与中国特色相结合，按国际惯例把建设行业划分为咨询、施工两大板块，即将施工承包以外的各类工程咨询服务统一划分为工程咨询行业。同时，将"五方责任主体"转化为业主、施

工、咨询"三方责任主体",参见图6,明确咨询方与业主是"顾问"关系,而非"甲乙方"关系。如此,不管业主采用传统的施工总承包、还是DB、EPC等新型发包模式,业主都可通过采购咨询方的专业服务,降低对工程项目的"信息不对称",提升其项目组织管理能力。

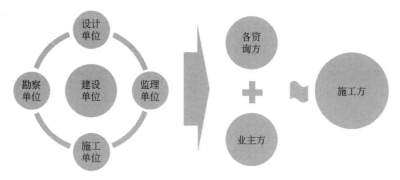

图6 "五方责任主体"转化为"三方责任主体"

必须指出的是,要防止把全过程工程咨询片面地理解为从投资可研、建筑策划、报建报批,到招标代理、造价咨询、工程监理的简单叠加,这就容易走回代建制的路子上去。这是试图绕开"设计"环节的"管理组合",非但不能解决"碎片化"问题,而且会进一步增加管理层级,固化"碎片化",损害业主利益。这种意欲"走捷径"的所谓全过程工程咨询,如果不以设计为主导,仍会走上监理发展的"尴尬"路子,再次变成利益划分的牺牲品。

5 应重视全过程工程咨询与造价咨询、招标代理的融合

相比国办19号文,建市101号文缺少了造价咨询、招标代理等企业参与全过程工程咨询试点的安排,而这两者均涉及最要害的投资控制及利益分配问题,是设计文件及全过程工程咨询不可分割的重要组成部分,缺少或回避它们,全过程工程咨询将难以有效推进,甚至会偏离正确轨道。显然,推行全过程工程咨询,是与造价咨询、招标代理、工程监理相关联的"系统工程"。而且UIA国际建协政策推荐导则中对建筑师职业责任的界定中也明确包括了"建筑经济、合同管理、项目管理等"服务,这点需引起有关方面的注意。

5.1 重视与造价咨询的融合

5.1.1 重视完善"带造价的设计文件"

依照"项链论",我们研究实践认为,推广设计主导、建筑策划先行的全过

程工程咨询服务，首先必须从建立与之相符合的新型设计文件——"带造价的设计文件：图材量价一体化设计文件"入手，即设计交付文件增加招标及造价文件，并以为抓手，推动项目全过程咨询，参见图 7。事实上，与民用建筑项目不同，市政、水利等行业的设计交付文件中至今仍然包含工程量清单等内容。这也符合住建标［2014］142 号文件《关于进一步推进工程造价管理改革的指导意见》，"推行工程全过程造价咨询服务，更加注重工程项目前期和设计的造价确定。"显然，顺利推行全过程工程咨询，在设计文件中融入造价文件既十分必要，也十分重要。

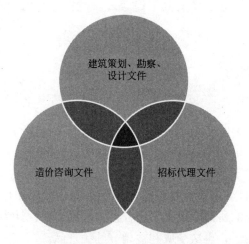

图 7　设计交付文件须融合招标文件、造价文件

5.1.2　借机推进工程造价管理改革

我国造价咨询作为一个"行业"，肇始于 1990 年代初期审计行政部门的"竣工审计"。由于工程造价关乎投资控制和各方的直接利益，业主、施工、监理等各干系方均较为关切。建议要引导造价咨询企业向专业造价顾问方面发展，侧重于"专业化"——"专业事专业人干，专业人干专业事。"否则会再一次产生对"设计"的"挤出"效应，影响全过程工程咨询的改革初衷。

如前所述，有了"图材量价一体化设计文件"作为基础，招标交易阶段就可实施最低评标价中标，这就是所谓的"详定义，细评审，强担保，最低评标价中标"国际惯例。实施这一国际化的工程项目组织实施方式，就要求改革报价模式，施工方以"企业定额"为依据自主报价，通过价格竞争得标，这符合国际惯例。

建议借推行全过程工程咨询之机，加快工程造价行业的改革步伐，逐步废除"国家定额价"、"政府材料信息价"等计划经济产物，尊重价值规律，让市场供需、而不是"国家定额价"、"政府信息价"来决定建筑工程的价格，这既是推广全过程工程咨询所涉及的相关必要条件，也有助于间接推动施工总承包企业通过兼并重组实现优者做大做强、弱者自然淘汰，"走出去"参与"一带一路"建设。

5.2 重视与招标代理的融合

要实现上述"系统化"目标，就要求在全过程工程咨询服务过程中，配合、发挥贯穿于项目全过程不同阶段、各种形式的招投标的作用，通过市场竞争确定主材价格、专业分包、平行分包项目及工程总造价。必须准确把握的是，工程招投标是一项专业性极强的技术工作，是重大财富、利益再分配的关键环节，各干系方皆十分关注，设计咨询人员既不能害怕嫌"水深"而不愿涉及，也不能认为"招标没啥"而大而化之，必须发挥设计咨询人员的专业顾问作用，在专业顾问工程师的协助下，以审慎、专业的态度做好一体化文件编制及招投标的指导工作。总之，施工招投标及其后各种暂定价项目的"全程招投标"，是全过程工程咨询服务最重要的环节之一，是绕不过去的门槛。

"一带一路"项目与国际招投标规则[①]

推进"一带一路"项目，必须遵循国际通用的工程建设招标投标规则，其中最主要的就是最低价中标原则。这既是国际惯例，也是我国建筑业改革与发展绕不过的门槛。

虽然，建筑行业甚至全社会，对最低价中标有很深误解和较大争议，但面临"一带一路"机遇，学习、适应、应用最低价中标规则，对于工程建设行业的咨询、施工等各类企业，是面临的迫切任务。

跨过去，是希望的春天；过不去，只好继续踽踽前行。

突破口是，纠正对最低评标价法的错误认识，以落实财政部第81号令《基本建设财务规则》》（2016年4月26日公布）为契机，利用"一带一路"项目建设机遇，全面推行经评审的最低投标价法，凝聚改革力量，推动建筑行业改革与发展，促进工程领域制度防腐。

综合法 VS 低价法

《招标投标法》第四十一条规定，"中标人的投标应当符合下列条件之一：（一）能够最大限度地满足招标文件中规定的各项综合评价标准。（二）能够满足招标文件的实质性要求，并且经评审的投标价格最低。但是投标价格低于成本的除外。"《房屋建筑和市政基础设施工程施工招标投标管理办法》（建设部第89号令）第四十一条规定，"评标可以采用综合评估法、经评审的最低投标价法或者法律法规允许的其他评标方法。"以上两种评标办法，被习惯上称作综合法、低价法。

工程招投标是社会财富再分配的重要枢纽，长期以来被各方所关注。

实施低价法牵一发而动全身，直接影响财政资金预算管理、项目投融资，以及施工、招标、设计、造价、监理等行业改革与发展的走向，必须予以重视。

非国有投资工程多采用经评审的最低投标价法，即低价法，招标前进行资格预审，评标过程严格评审。可以说，这类工程已基本上实现了市场化竞争，但须进一步规范，主要是政府造价主管部门应为这类项目提供一整套工程计价的游戏

① 王宏海，强茂山，发表于《建筑》杂志2016.06，总第811期；《中国企业报》2016.5.24。

规则，包括：市场化的工程量清单计价规则，以低价法为特征的招投标规则，以及与其配套的施工合同范本。

国有投资工程，多采用综合法，但这类招标常常被演变成"围串标"。不管是资格预审，还是资格后审，均可做到"去掉最高和最低，接近平均价中标"。通常，还要对门窗、石材、装饰材料等"价格差异大、利润大"的材料先实行暂估价，过程再"认价"。

日前公布的财政部第 81 号令《基本建设财务规则》第十九条规定，"财政部门应当加强财政资金预算审核和执行管理，严格预算约束。"第二十条规定，"项目主管部门应当按照预算管理规定，督促和指导项目建设单位做好项目财政资金预算编制、执行和调整，严格审核项目财政资金预算、细化预算和预算调整的申请，及时掌握项目预算执行动态，跟踪分析项目进度，按照要求向财政部门报送执行情况。"

综合法下，由于常常难以形成激烈的价格竞争，设计、招标等工程定义文件就无须做到精细化，且暂定金额多，必然造成后期变更多、扯皮多。"审计三四年，决算超预算，预算超概算"。由于决算久拖不决，一方面财政预算资金支付不出去，另一方面施工方无钱支付农民工工资。可以预见，综合法下，《基本建设财务规则》的主要内容将较难落地。

研究证明，万科、中海、招商局等地产企业采用低价法，与同类政府工程比较，造价通常要低 15% 以上。

谁在反对低价法

当前，部分企业、社会舆论对低价法存在误解和错误认识，如质量低劣、停工扯皮、超支超概等，这些必须予以纠正。

世界通行的低价法，盖起了迪拜的摩天大楼和大型港口，盖起了万科、金地无数的楼盘，在这儿却变成了"妖魔"，这到底是怎么回事？挥舞魔杖的巫师又是谁？

一位某省国有建筑企业的副总说，"在政府领导的支持下，我们与大部分省属行政企事业单位签订了建设工程战略合作协议……其实，我们也知道，这不符合改革发展的大方向，但央企与国家单位都签了战略合作，房地产项目低价中标又没啥利润，我们不这样整咋办？"

这种招投标只能用综合法。

"反正是公对公，也没有腐败。"一位领导如是说。

一位民营建筑老板说，"咱只能干房地产的活，或个别低价中标的小活。虽然是低价，好好管也有十来个点的利润，但没有投标成本，挺好。"

某市两个大致相同的市政立交桥项目，一座桥用综合法，造价约 1.1 亿元；一座采用世界银行贷款，按照世界银行采购指南规定的低价法招标，造价约 9000 万元。同在一个城市，价格差别竟如此之大。

"政府工程如果也搞低价中标，国有企业成本大，就干不下去了。"一位国企领导说。

谁在反对低价法？很清楚。社会舆论似乎多数反对低价招标，这实际上是国际规则受到一种"吴敬琏式的"攻击。其中，大部分人是人云亦云，或浑水摸鱼，有的人却是明白装糊涂，得过且过。

低价法真的质量差、扯皮多吗

提到这个问题，清华大学一位研究工程管理的教授说，"'先定义，后资审，最低价中标'，这是国际惯例，明明白白，我们却还在争论，我已不愿再解释了。"

笔者在这里也不想论证了。只想弱弱地问一下，欧美的摩天大厦、土木工程以及万科、恒大们盖的大楼，全都是采用低价法招投标，存在质量差、扯皮多了吗？

有人说，过去试点低价法已失败，这已有定论。笔者没见到过什么"定论"，也没见过试点项目的项目定义文件等招标资料。但猜想，一定是招标文件没有做到"公道，完整，清晰"，对甲乙双方的责任和义务未做到精细化定义，造成乙方，或双方有太多的空子可钻。

最奇葩的是，沿海某计划单列市，招标低价法"失败"后转为"拦标价＋抓阄法"。该市建设局长的说法是，"抓阄法最公平，这几年就很少有人投诉。"

"买家不如卖家精"，推行低价法，还可逼迫施工企业建立企业定额，降低招标方由于信息不对称的评标难度，推动市场决定工程造价改革目标的实现。

低价法下，"关系"失灵，走门子、卖资质的企业必将出局。企业资质自然弱化，个人执业资质自然强化，多年被诟病的资质管理难题有可能解套。低价法必须配套的工程担保、工程保险也会自然推开，以精细化项目定义文件为特征的设计全程服务（EPCM）、BIM 应用、企业工法等都会"自动自发"地形成……总之，采用低价法后，由于市场生态的改善，困扰建筑行业的许多问题将会迎刃而解，建筑业作为国民经济发展的重要支柱产业将会进入良性发展的快车道。

低价法下，会恶性低价抢标吗？不会。因为投标前有精细化项目定义文件的约束，投标过程有严格的评审约束，施工过程有高额的担保约束。在这些配套措施下，施工投标方主观上不会恶意低价抢标，客观上，即使低价也未必能中标。

低价法下，竞争靠价格，品牌靠质量，履约靠担保。由于抓住了项目定义文件这一"命门",就堵住了围串标、高认价、算材差等不当得利的"后门",逼迫企业走靠管理、品牌等盈利的"前门"。通过优胜劣汰、兼并重组,必将涌现出一批大型建筑企业集团。这些企业一定会像华为、三一、奇瑞等一样走出国门。

低价法与制度防腐

低价法的中心思想在于:先定义,后资审。

先定义,就是遵照"公道,完整,清晰"的定义原则,招标前将设计文件、招标文件、造价文件等项目定义文件做到精细化。报名的投标人看到这样的定义文件后,投机者自会知趣而退,留下的一般是有实力、管理强的企业。这种定义文件,本身就是资格预审的第一关。

后资审,就是及早发布招标信息,通过考察、谈话等方式,遵照"熟悉,可靠,积极"的资审原则,选择三家以上的投标人,并相信任何一家中标后都有能力履约合同,这就是"货比三家"。

如此先定义、后资审之后,就以"报价最低"为唯一评定标原则,再经过"评审",就可确定出中标候选人。这里,投标人"高怕不中,低怕亏钱"的"两难"心里,可迫使投标人报出一个相对合理的低价。当然,评标过程的严格清标、询标、投标保证金、企业定额分析等"评审"措施,可最大限度地抑制投标人的"围串标"、恶意不平衡报价、低价抢标等不当行为。

必须说明的是,只有实行资格预审,才能低成本找到优秀的潜在投标人。目前,由于挂靠普遍,在大国企、高资质的掩护下,甲方难以甄别是挂靠还是自营。比如清华附中事故的施工方,看似特一级资质企业,实为挂靠。而且,一个完全陌生的甲方和乙方,"磨合"的管理成本和时间成本也十分之高。因此,笔者认为,在我国目前的市场条件下,为保证低价法的成功实施,必须进行资格预审,不能采用资格后审。而个别地方正在实施的资格后审,在综合法下,招标已变成由少数投标掮客组织,众多投标方参与,"围猎"甲方的闹剧。

搞资格预审,会产生腐败吗?不会。因为,低价法下乙方靠低价中标,不存在超额投标利润,也就没有了回扣、承诺等成本。因而,从制度机制上分析,乙方不可能去贿赂、感谢谁。既提高了行政效率,又实现了低成本反腐。

一位业内资深人士说,"让谁中标,综合法好操作。但不知浪费了多少钱,害了多少干部。必须改了。"

调整招投标制度,取消综合法,推行低价法,势在必行。

低价法与"一带一路"项目建设

三十年的大规模建设,造就了庞大的建筑业大军。其中,以建筑央企、各省市建工集团及大型设计院为主力，这些企业承担了绝大部分国有投资及援外项目的设计和施工。调研中发现，这些企业的历史包袱和社会负担，通过建筑行业劳保统筹制度已经消除，现在基本上为良性运营，但存在机制上的隐忧。这些企业对混合所有制改革的要求较为强烈，比较自信，具备成熟的实施条件。

亚投行、丝绸之路发展基金的项目采购，必然要求按照"最低价中标"这一世界银行、亚洲开发银行等国际机构通用的采购指南去做。而"一带一路"项目建设，急需我国建筑业大军自我改革，去赘自强，遵循国际惯例，与国际大承包商同台竞争。这就要求建筑行业尽快落实十八届三中、五中全会全面深化改革的部署，推进改革，让所有企业的"屁股"都坐在市场的板凳上，练好内功，走向国际，参与竞争。

低价法，作为建筑业的核心命门，必将推动基本建设管理、财政预算管理、项目组织实施方式、设计全过程服务（EPCM）、工程总承包等产业链各环节的改革。如果试图绕过这一门槛，不实施低价法、混合所有制等供给侧结构性改革，施行以市场大检查、电子招投标、定额调整等常规政策，必将是事倍功半，治标不治本。

综上，推行低价法，是"一带一路"项目顺利进行的重要前提，是工程领域制度防腐的最佳抓手，是建筑业绕不过去的改革与发展门槛。

建筑师提供图纸、还是建筑？[①]

看到这个题目，中国的建筑师或设计院长们，会觉得问题很幼稚。当然是图纸呀！建筑？那是施工方的事，设计方管设计，施工方按图施工嘛。

那什么是建筑师（设计院）的产品？当然是图纸啊。

那业主又是要什么呢？是要图纸、要模型吗……显然，业主找建筑师（设计院），要的是建筑，能挡风避雨的建筑。只是，中国的建筑师（设计院）们，只能提供图纸，而且是对材料、细则等内容约定不深或不清的图纸。

在西方国家，业主找到建筑师，沟通条件和诉求、交代预算后，一般来说，就可以等着（建筑师）把他想象中的建筑交到他手中。在中国古代（其实也不古，几十年前就是），或在中国民间建造传统民居，一直也都是这样。只是，我们的建筑师叫作工匠师，唐时叫作"梓人"。建筑师张雷把他们的作品叫作"非建筑师建筑"，而张雷这里所说的建筑师作品，是建筑，不是图纸。

这是个什么问题呢？讨论这个有意义吗？

首先是一个理念问题。

目前的状况是，中国建筑师（设计院）的理念是，"《建筑法》规定设计院负责设计，施工方负责按图施工"。西方建筑师的理念则是，从设计、代办手续、采购招标、到合同管理，都是建筑师（设计院）的活儿，业主只需"提要求、给预算。"而且，当业主的诉求与法律法规，或社会、承包商的利益有冲突时，建筑师拥有"准司法性裁决"的权力和责任，如同律师、会计师。

中国的建筑师制度，源于建筑师制度的发源地欧洲。经过一百多年的演变和发展，西方职业建筑师制度已非常成熟。虽然英国、美国、日本、中国香港等地区的制度会有所差别，但执业范围却大都涵盖策划、设计、造价管理，以及合同管理（包括招标代理、施工管理）全过程，建筑师对最终的建筑产品负责，建筑师具有设计、材料、施工等多方面的控制权。参见清华大学建筑系姜涌副教授等编著的《职业建筑师业务指导手册》及清华大学建管系邓晓梅副教授的诸多研究。

正如东南大学《充分发挥注册建筑师在建筑工程项目中的主导作用研究报告（住建部课题结题稿）》指出，"我国现在建筑师的身份定位只能说是'建筑项目

① 王宏海，发表于《中国勘察设计》2016.08，总第 287 期。

设计主持人'，而非国际上建筑师的通常职业定位——建筑项目全过程服务者，这样的身份定位显然不利于建筑师在工程项目中进行全过程服务，发挥主导作用。"

这又是怎么造成的？

民国时都还不是这样子。

新中国成立后，我们引进、照搬了苏联体制和技术标准，各部委、省市均成立了自己的设计院和施工企业，完成本系统、本省市范围各类工程的设计、施工。在当时的体制分工中，那时的国家就是一个辛佳迪式的企业集团，计划委员会代表国家，设计院对"国家"负责，承担工程设计和技术经济控制工作，后者其实就包括经济和造价控制。20世纪90年代以来，"设计院"体制终结，设计单位变成了真正的智力型服务企业，但其经营范围仍延续以前的业务，即靠"卖图纸"为生。

1992年以前的图纸，一般都标注或部分标注材料、建筑构配件和设备的生产厂家名称，供业主方和施工方参考。当时我在设计院做电气设计，记得是1992年夏季某一天，单位组织学习建设部文件，说"部里"规定，今后图纸不允许标注或推荐生产厂家，领导还特地看了我一眼。由于开关、照明灯具等产品各厂家型号规格不同，若不注明，则很难完整表达设计意图，部分水暖器材也是这样，因此设备室意见最大。就这样，为了限制部分设计人员拿"回扣"、"信息费"，一刀切下去，设计人员从此就丧失了"懂材料"的权力，相应也没有了懂材料、懂造价的义务。后来《建筑法》明确规定：只许标注规格型号、不许标注厂家；加之，随后推行的工程监理、造价咨询、招标代理等制度，就逐步把全过程的设计服务以专业化的名义"碎片化"了；再后来，装饰、园林、智能化等细分行业的快速发展，进一步分解了建筑师的服务范围；在房地产市场持续需求的刺激下，甲方盯在设计院催图，且设计招标中的低价中标（系错误套用施工招标原则）……在这些因素的合并作用下，设计院出图能省就省，设计人员不爱下工地、不愿画详图，乐于"画杠杠，吹泡泡"——细部及专业工程多注明"详见二次深化设计"、"由专业单位另行设计"。如此恶性循环，设计企业就逐渐丧失了深化设计、全过程服务、材料顾问、工程顾问等"图纸变建筑"的能力。

1998年施行的《建筑法》则以法律的形式把这些固定了下来，直至今天。其中第五十六、五十七条规定，"……设计文件选用的建筑材料、建筑构配件和设备，应当注明其规格、型号、性能等技术指标，其质量要求必须符合国家规定的标准。""建筑设计单位对设计文件选用的建筑材料、建筑构配件和设备，不得指定生产厂、供应商。"《建筑法》规定了业主、勘察、设计、施工、监理等所谓的"五大责任主体"，各负其责。这些以及后来搞的造价咨询及招标代理"行业"，由于责任边界划分不清楚、不合理，由于咨询服务被碎片化，各专业咨询方"漏"下的责任唯有项目业主来承担，加之完整的建筑生产被各种平行发包、认质认价所肢解，最终责任追究却难以落实，对工程负责的只剩下并无专业能力、望楼兴叹的业主。

随着 20 世纪 80 年代至今的改革开放和房地产疯狂发展，中国的建筑师教育和建筑师执业制度也逐步恢复或建立。三十年大建设的磨炼，建筑师等各专业设计工程师的执业能力仅限于"设计"。无奈，大部分的房地产公司设立了技术力量雄厚的设计部、造价部，设有"甲方建筑师"，以弥补专业建筑师在统筹、管理、材料设备等方面的不足，统领公司内外的设计、成本、合同、监理、招标等各种碎片化的工程咨询或项目管理工作。就这样，我们的建筑师（设计院）日益沦落为"画图的"，业务模式单一，设计收费越来越低，工地话语权越来越弱，原因之一是设计人员不懂材料、工艺和价格，无法帮助业主进行价值分配和价值分析，提供业主需要的"顾问式服务"。

现行市场体系中，业主在施工招标前，要委托造价咨询、招标代理或其他专业顾问公司，对设计文件进行补充定义，设计文件与这些造价文件、招标文件、施工合同、材料约定、验收标准等共同形成施工招标文件。大量实践证明，这种"分体式"工程定义文件存在许多天然的"缺、漏、碰、错"，导致从工程招标到施工管理、竣工结算等项目全过程产生"游戏规则紊乱"式的混乱。使得业主、施工、招标代理、造价咨询、设备厂商等产业链各干系方之间缺乏信任，相互提防，攻守博弈，加大了建筑产业链社会交易成本。在这种游戏规则下，人们把主要精力用在搞关系、钻空子方面，设计质量，或施工质量自然难以提高。记得2010 年访问柬埔寨，从法国人六十年前建造的酒店住处，到中国刚刚援建的豪华政府大楼，不管是设计细部还是工程质量，都无法可比，我当时感到很窘迫。

如今，站在市场寒风中的设计院长们（其实我更愿意称他们为设计公司老总）都在寻求突破和创新，BIM、协同设计、设计总包、EPC……这些措施或是小改小革，或是时机不到。但在我看来，不管是国有大院、还是民营设计公司、事务所，都没有找到设计行业改革的突破口。笔者认为，突破口在于推行建筑师负责制，或称作建筑设计全过程服务（EPCM）。即，根据中国情况在设计文件中增加工程量清单、材料说明、建造细则、验收标准等工程定义内容，并据此代理或协助业主开展施工招标及施工监理工作。这种业务模式，相对 DB、代建、EPC 工程总承包这种"重资产"型经营模式，中国的建筑师（设计院）做起来要相对容易一些，但也是非常大的挑战。据悉，《建筑设计全过程服务（EPCM）合同》（范本）已在试点应用之中，《建筑设计全过程服务（EPCM）操作指南》正在编制之中，我们期待着在建筑行业早日推广应用。

国际建筑师协会职业实践委员会联合主席、清华大学建筑学院院长庄惟敏教授指出，"国际上作为'四大自由职业'的建筑师，为业主提供的是'置业顾问'

服务。如何在中国实现建筑师的'全产业链'服务，是提升中国建筑师社会责任和地位的关键所在，这方面我们还有很多工作要做。"

笔者三十年来在建设行业一线，交替从事过政府规划管理、设计、业主、施工、建筑传媒等多角色工作。基于不同责任主体的换位体验，逐步形成了"以设计为龙头的全面、全过程项目管理"认知体系。本人认为，只有抓住"带造价的设计"这个源头，围绕业主对"建筑"而不是"图纸"的需求，提供以最终建筑产品为目标的"全产业链"顾问——建筑设计全过程服务（EPCM），才是设计行业的真正可行的出路。从我们的试验看，EPCM体系可为业主节约造价15%以上，节约工期1/6，而且能从根本上实现制度防腐。从市场反馈看，只要能够节约造价15%，EPCM全过程服务按工程总造价的7-10%收费，业主方是能够接受的，也基本上接近国际水平。另外，由于EPCM顾问服务的长期和私人性质，采用直接委托，或竞争性谈判的方式选择EPCM承包商，比设计招标方式，成本更低，效果更好。

可以看出，建筑师提供图纸、还是建筑的问题，不单是建筑师、设计行业的问题。建筑设计全过程服务（EPCM），是设计行业的重大改革，也是建设项目组织实施方式的一次突破，将直接影响监理、造价、招投标、职业保险等产生重大变化，已引起国家高层的重视。

推行建筑设计全过程服务（EPCM），最难得是观念转型。因为，设计企业要提供置业顾问式服务，需要设计人员除了"懂设计"外，还要"懂材料、懂造价、懂施工、懂管理"。但由于"学习和创新并不是一件舒服的事情"，设计行业想推广这些技术革命性的东西，必将遭到设计从业者的本能抵触。而且，近些年从大学至执业资格考试，包括建筑、设备、电气等各专业在内的教学体系中，"建筑技术经济"内容都已相对弱化。加之政府工程对EPCM顾问服务的需求尚未形成，因此，建筑设计全过程服务——发挥注册建筑师在建筑工程项目中的主导作用，目前还只能停留在研究和小范围的试验之中。

结合中国现实情况，清华大学邓晓梅教授在《首席监造人制实施方案研究报告》中认为，建筑设计全过程服务（EPCM）应包括四个方面的内容：报建管理、设计服务、统筹管理、施工管理。而这些内容，在中国市场规则及监管条件下，其实际工作内容比西方体系下要大许多，主要是我们的工程计价体系、建设报建手续繁琐复杂而不透明，而且我们缺乏职业责任、职业保险、工程担保等基础性制度的支撑，这些都必须进行配套改革。

必须指出的是，"精细化工程定义文件"是设计全过程服务的核心，它只有在最低评标价中标的竞争性制度体系下才会被需要。也就是说，EPCM服务体系与最低评审价中标制度互为条件，互相支撑。可以说，不实行最低评标价中标，就不能、也没必要搞EPCM服务，也不可能搞成。关于这点，可参见《建筑》

杂志本人文章《制度不配套的最低价中标是瞎折腾》。

乔布斯说过，"消费者没有义务知道他需要什么，但他知道你的东西是好的、舒服的（并情愿为此埋单）。"乔布斯认为，提供新产品完全是企业的事，为此必须创新。因此，发展 EPCM 设计全过程服务，应该是设计、项目管理、施工企业等建筑行业法人实体的义务，而政府在加快推行最低评标价中标等竞争制度的建立方面，则必须发挥出其不可替代的决策作用。

笔者相信，随着行业寒冬的加剧，设计企业会加快创新求存的步伐，随着政府"竞争政策"的出台，业主对建筑设计全过程服务（EPCM）的需求会快速升温，EPCM 一定会成为建筑师（设计院）生命的春天。中国建筑师（设计院）一定能够为业主提供"建筑"而不只是"图纸"。

早入蓝海者，早出苦海。

EPCM 设计全过程服务：建筑行业供给侧改革的突破口[①]

建筑行业供给侧，是指提供建造服务的设计、施工、监理、造价咨询等企业。对应的需求侧指建设单位，也叫作建设业主、项目法人，台湾叫项目发起人，包括政府或国有投资建设单位、房地产开发企业、私营企业、PPP 项目公司、房地产投资基金等。

当前，建筑设计、施工、造价咨询等供给侧市场，已成为以比价格、靠关系为主要手段的红海，建造服务产品呈低水平、同质化状态。中低水平的建筑产品和设计咨询服务过剩，而建设单位期待的工程总承包、设计全过程服务、工程项目管理、优秀设计方案、BIM 技术服务等中高端产品和服务却鲜有供给。

新常态后，创新驱动代替要素驱动，已成为经济社会发展的主要动力。建筑行业进行供给侧改革，不是简单地去产能、去库存，而是要去低端产能，即淘汰落后的项目组织实施与建造方式，通过行业转型升级，向建设单位提供更高质量、多层次的建造服务。笔者研究、实践认为，只有以设计源头为突破口，推行适合中国国情的设计全过程服——EPCM 设计-采购招标-造价咨询-项目管理承包，才能带动建筑行业供给侧改革，实现建筑产业现代化。同时，住建部门应发挥行业主管部门看得见的手的作用，通过行业标准、制度规则的创新，刺激、支撑需求侧建设单位对工程总承包、设计全过程服务、PPP 项目营造管理等中高端建造服务的需求，刺激建筑业供给侧的改革。

一、关于工程总承包

本人认为，改革建设项目组织实施方式、发展工程总承包的道路是：以EPCM 设计全过程服务为突破口，通过建立招标图制度，逐步推动工程总承包发展，带动招投标和监理制度改革，系统推进建筑行业供给侧改革，重构建筑行业产业链生态，实现建筑产业现代化。

住建部建筑市场监管司 2016 年工作要点指出，"（一）重点研究建设项目组织实施与建造方式……（二）创新发挥建筑师作用机制。进一步明确建筑师权利

---
① 王宏海，李斌，王宏武，发表于《中国勘察设计》2016.04，总第 283 期。

和责任，鼓励建筑师提供从前期咨询、设计服务、现场指导直至运营管理的全过程服务，试行建筑工程项目建筑师负责制。（三）推进工程招投标和监理制度改革。推进工程招投标制度改革，放开非国有投资项目招标限制，简化招标投标程序，推行电子化评标，研究探索合理低价中标办法及配套措施……"

笔者认为，以上三条要点抓住了建筑行业改革的核心环节，只要后续政策接地气，就一定能够促进建筑行业改革出现全新局面。上述第一条是针对需求侧工程发包方式的改革，第二、三条是针对供给侧的改革。住建部多年来力推工程总承包及工程项目管理，目前，住建部及工程总承包制度试点省份浙江省，正在就发展工程总承包、改革建设项目实施方式征求意见。

建设部文件建市（2003）30 号《关于培育发展工程总承包和工程项目管理企业的指导意见》，多年来力推工程总承包、工程项目管理，却没有像监理制、招标代理制改革那么富有成效。这其中原因何在？笔者认为，主要原因是建筑行业供给侧存在问题。也就是说，不是建设单位没有需求，而是我们建筑行业不能够提供有效的工程总承包建造服务。

我们先看看住建部、浙江省正在征求意见中的工程总承包游戏规则吧。浙江省《关于深化建设工程实施方式改革积极推动工程总承包发展的指导意见（征求意见稿）》（2016 年初发，简称浙江征求意见稿）指出，"建设单位可以依据经审批同意的方案设计（或初步设计），以工程估算（或工程概算）为经济控制指标采用限额设计，以有关技术规范、标准和确定的建设规模、建设标准及工程质量、工期进度要求为标的，开展工程总承包的招标工作。"

让我们来剖析一下这其中有什么问题。

市场经济的常识告诉我们，相同定义的建筑产品，采购招标方是以价格为主要因素来选择承包商的。国际上设计、施工一体化的工程总承包，招投标的依据是招标图、营造细则准则（Specification）等工程定义文件（Construction documents）。这些工程定义文件，可报价、可竞争、可验收，但尚需要工程总承包中标人进行深化设计，国际上叫作 Shopdrawing 或 Workdrawing，即施工现场作业指导图。而上述浙江征求意见稿要求"依据方案设计（或初步设计）……开展工程总承包的招标工作。"我们知道，根据我国现行初步设计及扩初设计深度标准，初步设计阶段只能提出工程估算或概算，而这些文件的内容和深度完全不足以作为工程总承包计价和招投标报价的依据，因而，无法形成建设单位公开招标希望的价格竞争。可以看出，浙江征求意见稿主要是以承包商利益为出发点制定的，因此对于建设单位基本上是不透明，且缺乏公平的。可想而知，一个负责任的建设单位是难以遵照这一办法招标选择工程总承包企业的。

必须强调的是，笔者虽然同意推行工程总承包，但仍然认为，如同西方发达国家一样，并不是所有的建设项目都适合于推行工程总承包。我国大多数的建设项目，还是适合于传统的施工总承包，加上设计全过程服务。

下来，再来分析浙江征求意见稿对工程项目管理的改革设想——"要大力培育工程项目管理力量。建设工程项目管理是指从事工程项目管理的企业，受工程项目业主委托，对工程建设全过程或分阶段进行专业化管理和服务。建设工程项目管理是国际先进的工程项目管理方式，项目管理企业能够在工程项目决策阶段为业主编制项目建议书、可行性研究报告，在工程项目实施阶段为业主提供招标管理、勘察设计管理、采购管理、施工管理等服务，是现行工程咨询、工程监理、招标代理、造价咨询等制度的高度融合和有效提升，能较好地解决工程总承包模式下业主专业化水平不高的问题。各级建设行政主管部门要积极推行工程项目管理，鼓励有条件的大型工程监理、造价咨询等企业创建工程项目管理企业，积极培育和发展工程项目管理，为工程总承包的发展提供有力的保障。"

该文件的出发点无疑是好的，大方向也是对的。但笔者认为，把"培育工程项目管理力量"的对象仅仅确定为"大型工程监理企业、造价咨询企业"，将难于较好地实现文件制定者的初衷。因为工程项目管理的"龙头"在于设计环节，不从设计源头抓起，不改变图纸与造价分离的现状，却让监理、造价企业的人才团队去做包括"勘察设计管理""等制度的高度融合"，有些勉为其难，这也正是这些年推行工程项目管理步履缓慢的内在原因。

二、EPCM 设计全过程服务：发展工程总承包的必由之路

根据以上论述，笔者认为，推行工程总承包，前提是必须建立招标图制度，操作的第一步是设计、施工等企业先发展 EPCM 设计全过程服务。可以说，没有招标图的所谓 EPC 工程总承包，都是前期设计方、施工方互相拉郎配，过程及决算阶段再扯皮的假 EPC。而上述工程总承包试点办法，由于缺少了招标图制度这一技术标准的支撑，因而不能形成市场竞争，注定是走不通的。因此，建议住建部门尽快组织制定行业标准——《建设工程招标图交付标准》、《营造细则准则》，并建立基于招标图的 EPC 工程总承包招投标制度。

前边剖析了的工程总承包制度草案的缺陷，总体来讲还属于需求侧的问题，即建设单位关心的基于招标图制度的工程总承包招标投标制度。下面，我们再看看供给侧的问题。

当前，作为建筑行业供给侧的建筑市场主体，施工企业仍是以拼关系、比价格为主要竞争手段，设计企业再加上一个比方案，而监理行业的作用只能用尴尬二字来形容。总之，这些产品提供方均处在一个低层次的竞争水平，而且各个行业均惨淡经营，想创新转型，却苦于无门。想发展工程总承包，但施工企业不懂设计，设计企业没有实力和工程管理能力，即使组成联合体，也是两张皮，各干

各。也就是说，即使供给侧解决了招标图制度的问题，我们的设计、施工企业目前也不完全具备提供工程总承包建造服务的能力和实力。

那么供给侧的设计、施工、监理等市场主体该如何改革呢？

看看大家都熟悉的家装行业就明白了。过去装房子，主人要搞设计、亲自讲价买材料、请假"盯"质量。现在，出现了一批专门为主人提供家装项目管理的个体执业者，他们为主人提供从设计、选材料、到质量监督验收、结算等全过程顾问服务。他们被口口相传，服务于广大家装业主。

如同家装行业一样，建筑行业供给侧改革应先迈开第一步——发展 EPCM 设计全过程服务。EPCM，是 EPC 的一种中国化落地形式，全称为 Engineering-Procurement-Cost consultation-Construction Management，即设计-采购招标-造价咨询-项目管理全过程承包，我们也叫作 EPCM 设计全过程服务，包括 E（Engineering）设计、P（Procurement）采购招标、C（Cost consultation）全程造价咨询、CM（Construction Management）项目管理。EPCM 体系应该属于工程总承包的一种类型，是建筑师负责制的中国化，在台湾被称为首席监造人制度。EPCM 的采购方是建设单位，在欧美体系中也被叫作"甲方一"，提供方为 EPCM 承包商，也被叫作"甲方二"（这个叫法比较贴切），双方签订《建设工程 EPCM 设计全过程服务承包合同》。事实上，这一管理承包体系类似于国际上较为通用的 PMC 管理总承包。

孔子说在《论语·颜渊》中说，"听讼，吾犹人也，不也使无讼乎。"意思是纠纷造成了，谁调解都一样。唯有不产生纠纷才是王道。

我们的研究和实践证明，EPCM 设计全过程服务抓住"设计"这个龙头，通过精细化的工程定义文件提高了项目契约质量，从源头上实现了甲方一、甲方二与施工方之间的"无讼"，降低了建筑产业链交易成本。EPCM 体系改变了当前设计、采购招标、造价咨询、工程监理等建造服务职能"分体"的现状，通过带造价的设计，实施"图、材、量、价"一体化工程定义文件的复合会审，综合寻优，使得工程定义文件实现精细化，从而帮助甲方一提高工程发包的契约质量和契约能力，减少了由于分体而天然存在的"错、漏、碰、缺"，减少了设计变更、无必要暂估价、过程扯皮、决算久拖不决等建筑行业恶习顽症。

EPCM 体系的"省钱措施"，系根据北京筑信筑衡工程设计顾问有限公司研究成果——"施工企业八大利润来源"（参见图 1）而设计。EPCM 体系的"省钱措施"主要是，通过摁住精细化项目设计交易阶段工程定义文件这个命门，堵住了材差、量差、围串标、恶意索赔等施工方不当获利的后门，同时打开了精细化管理、品牌溢价、创新、合理索赔、合理利润等前门。筑信筑衡 EPCM 项目实践证明，除了可降低管理成本让甲方一省心外，还可节约工程造价 15% 以上，缩短工期约 1/6。EPCM 承包商及招标、造价、监理等各方也可以从造价节约中

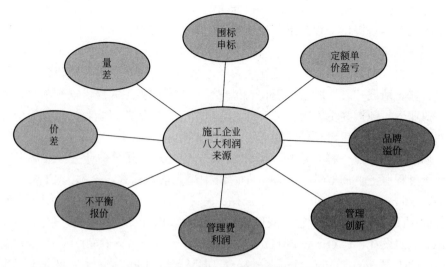

图1　施工企业八大利润来源分析图

分得一杯羹，也有利于施工企业提高管理水平，增强综合竞争实力，使得劣者淘汰，管理、质量、品牌强的施工企业在竞争中胜出，并走向国际市场参与竞争——这完全是一种典型的帕累托最优。

我们认为，EPCM设计全过程服务的项目组织架构主要有两种。图2显示的是模式一，EPCM承包商即甲方二直接承担包括设计、全程采购招标代理、全程造价咨询、项目管理（含监理）在内的"EPCM设计全过程服务"，甲方一与甲

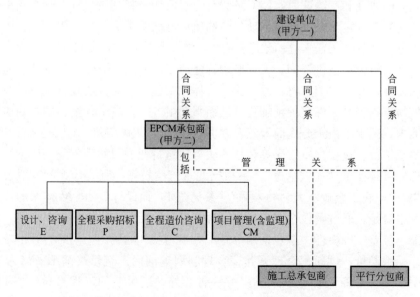

图2　EPCM设计全过程服务模式一项目组织架构图

方二签订《建设工程 EPCM 设计全过程服务承包合同》。EPCM 设计全过程服务体系和国际上的通行的建造师负责制是完全一致的，即 EPCM 承包商要负责从设计、到招标、造价、合同管理等项目建造服务的全过程。我们研究、试点认为，这一体系十分适合我国的国情，与国际模式也比较接轨，是建筑行业应立即着手，重点发展的项目组织实施模式。

研究中我们发现，由于我国的设计企业错误地把自己的顾问方错位成乙方，因而使得建设单位面临真正的乙方——施工方时成为孤独的甲方。EPCM 体系让设计企业回归了顾问方角色，可改善甲方与施工方之间的信息不对称的被动局面。而且由于 EPCM 承包商即甲方二身份的私人性质，即甲方一把什么都告诉你了，也依靠你，客观上要求 EPCM 承包商必须具备高度的诚信。虽然从项目组织架构上看，EPCM 承包商与施工方、平行分包方不存在合同关系，自身也不承担施工、采购的重活，看似无需承担财政风险，但实际上，EPCM 承担了极大的信誉风险。即稍有不慎、内部管理出现纰漏，都会给自己赖以生存的信誉带来灾难性的后果。

由于目前一个企业很少兼备这几项资质，因此也影响了模式一的发展。建议住建部门尽快制定政策，创造条件，支持设计、施工等市场主体企业迅速发展 EPCM 设计全过程服务。图 3 显示的是模式二，EPCM 承包商即甲方二只承担设计及项目管理，甲方一与甲方二、招标代理公司、造价咨询公司、监理公司分别

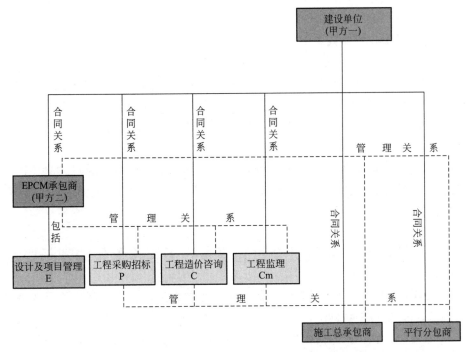

图 3　EPCM 设计全过程服务模式二项目组织架构图

签订方合同，但甲二受甲方一委托，对其余三方行使招标管理、造价管理、监理管理的权力。显然，模式二中施工方受到多头管理，EPCM方即甲方二受业主委托协调各方，很容易造成项目管理中的混乱。反过来，甲方一、甲方二及招标、造价、监理方之间也容易造成漏洞，被施工方利用，给甲方一造成损失。推行这种方式，资质上虽然没有障碍，但改革还是不到位，不过也应该鼓励发展。

显然，模式一的管理逻辑简单清晰有效，应重点推广。可以看出，EPCM体系和浙江征求意见稿的工程项目管理的内涵和方向基本一致。只是，我们认为培育工程项目管理——EPCM设计全过程服务力量的对象，应该包括设计企业、施工企业，及工程监理、造价咨询企业。至于谁最终成为主力，可以让市场去检验，这并不重要。当然，施工企业、设计企业如果做了某个项目的EPCM承包商，就不能再成为施工总承包商或工程总承包商了。而且，在没有招标图制度以前，设计、施工企业也不可能真正去发展工程总承包业务，正好，他们可以先做EPCM设计全过程服务，积蓄设计企业在造价管理、采购管理及施工管理方面的能力，或培育施工企业在设计管理方面的能力。可以说，推行EPCM设计全过程服务，是设计、施工企业发展工程总承包的必由之路。这样做还有以下好处：

一是实践证明，EPCM设计全过程服务实现了让建设单位省钱、省时、省心，将逐步刺激建设单位即甲方一的需求，这也会反过来促进建筑行业供给侧的改革。EPCM体系也可改变甲方一不专业的状况，提升其建设项目组织管理水平——专业的事让专业人去干。

二是EPCM设计全过程服务可将被碎片化的设计、招标、造价、监理职能回归于"设计"一身，将本来属于建设单位的招标、造价、监理权力回归于"甲方二"，有利于供给侧的设计、监理、造价、施工企业的转型发展和兼并重组。在EPCM体系模式一中，工程监理被巧妙地置于EPCM承包商的项目管理P之中，也是监理制度改革的一种思路。

三是为设计企业转型提供了一种现实的选择。即设计企业通过发展EPCM设计全过程服务，内提素质，对外满足建设单位对设计全过程服务的需求，事实上也与国际设计行业接了轨。

三、推动 EPCM 设计全过程服务、工程总承包的若干要点

推动EPCM设计全过程服务，及工程总承包发展，首先应就以下几点达成共识，然后，通过创新标准，制定政策，以市场化的方式大力推广。

一是充分认识工程定义文件（Construction documents）的必要性和重要性。工程定义文件（Construction documents）包括设计图纸、营造细则、工程量清

单、招标文件、施工合同要约等设计及交易阶段文件，它由 EPCM 承包商通过 BIM 技术、复合会审、综合寻优，一站式完成。精细化的工程定义文件，要求公道、完整、准确、清晰，是推行 EPCM 体系的必须前提。

二是建议制定工程定义文件行业技术标准。建议住建部门尽快组织制定行业标准——《建设工程招标图交付标准》、《营造细则准则》，并建立基于招标图的 EPC 工程总承包招投标制度。

三是将 EPCM 体系明确纳入工程总包文件范围予以支持，制定《建设工程 EPCM 设计全过程服务管理规范》。制定政策，鼓励企业以市场化、商业化的方式推广 EPCM 管理规范，吸引设计、施工、监理、造价企业进入 EPCM 的蓝海，并形成 EPCM 承包商之间的竞争。改变项目管理政策重施工单位的体制改革探索，轻建设单位行为研究的传统思维，从建设单位发包行为这个源头着手，探索建立"精细化工程定义文件＋低价中标法＋履约担保"为核心的建设项目发承包体系。实践证明，凭关系、没实力的施工方遇到精细化工程定义文件，一般会知趣而退。因此，精细化工程定义文件堪称资格预审的试金石。

四是缜密部署，大胆推行低价中标法。低价中标法，全称是经评审的最低价中标，是我国《招标投标法》首推的评标办法。过去所谓低价中标法试点失败，主要是因为工程定义文件质量不高、漏洞较多等人为原因造成的。大量实践证明，只要建设单位是真招标，且项目定义文件足够精细，施工方就不会乱投标。在精细化工程定义文件及履约保函的约束下，推行"先定义，再资审，最低价中标"的国际惯例，还有利于杜绝围串标，建立防腐型的工程项目组织管理体系，培育良性有序的建筑行业产业链生态，有利于建筑行业供给侧改革。推行国际通行的低价中标法，一定会受到一些利益集团的抵制，必须有理论、标准及成功案例的支撑。必须说明，在诚信体系尚未建立的我国，与低价中标法配套的是必须进行资格预审。由于最低价中标，因而较好地杜绝了暗箱操作、围标串标、利益输送等腐败风险。

五是配套推进工程造价管理体系的改革力度。改变定额价与市场价的脱节，施工企业没有企业定额的扭曲现象。建议废除建筑工程国家定额价、政府材料信息价这些计划经济产物，尊重价值规律，让市场供需、而不是什么国家定额来决定建筑工程的价格。我们的研究和实践证明，如果不实行低价中标，不取消定额价，EPCM 体系的价值就会被打折扣。

六是推行 EPCM 体系，将促使设计企业向四个方向转型。设计企业拥有大量的优秀技术人才，必须采取有力措施，推进设计企业转型升级，焕发活力。转型方向一是建筑专业为主体的方案设计；二是专业施工图设计；三是发展 EPCM 设计全过程服务；四是发展 EPC 工程总承包。要说明的是，以设计为龙头发展工程总承包，不是以设计院为龙头，施工企业也是主力军。

　　七是政府工程推行 EPCM 体系，还有利于政府工程带头使用 BIM 技术，从设计源头控制工程造价，有利于政府投资堵后门、开前门，提高投资计划的准确性，增强预算的硬约束。EPCM 体系使工程招投标、材料采购、决算等变过程透明、操作简洁，客观上会动了一些人的奶酪，因而会受到一些群体的抵制和诘难，这个一要注意宣传策略，二要加大推广力度。

　　八是推行 EPCM 体系，可满足 PPP 投资方及 PPP 项目公司对设计全过程服务、设计顾问、造价全程控制、工程项目管理、工程总承包等中高端建造服务的迫切需求，有利于推进 PPP 项目的落地。

　　九是随着房地产企业的分化及管理进步，万科、万达等公司实行团队公司化、交钥匙总承包、一键式 BIM 等创新措施，将其工程管理、设计顾问、造价管理、采购管理等由自营改为外包，这将为 EPCM 设计全过程服务带来很大的市场需求。

　　十是 EPCM 设计全过程服务收费问题。我们研究认为，应该是工程总造价的 7%～11%，因为采用这一体系可以为建设业主节约工程造价约 15%，甚至更多。我们认为，推广应用 EPCM 体系，务必通过市场化的方式，政府只需在行业标准创新上提供支撑。随着 EPCM 承包商越来越多，将形成竞争局面，但由于 EPCM 设计全过程服务有较强的顾问性、私人性、私密性，因而不能以咨询承包商的报价高低作为选择的依据，而应该以其提供的价值、信誉、品牌来选择。

　　综上，唯有从需求侧建设单位的行为研究和需求入手，抓住设计这个源头，通过行业标准、发承包制度等体制机制的创新，才能推动供给侧市场主体发展 EPCM 设计全程服务、工程总承包等创新服务，实现建筑市场治理的良治，从而推动建筑产业现代化。

下篇　专项研究

设计咨询企业如何培养
"五懂"型复合人才①

建筑设计是建筑业产业链中最重要的一个环节，造价咨询是贯穿项目全寿命周期的一条主线，显然，控制工程造价、提升项目管理服务必须从设计源头抓起。实践证明，设计企业发展全过程工程咨询、建筑师负责制，最急需的是要通过设计过程融入造价咨询来弥补设计全过程的商务管理这一短板。这与住建标〔2014〕142 号文件《关于进一步推进工程造价管理改革的指导意见》"推行工程全过程造价咨询服务，更加注重工程项目前期和设计的造价确定。"也完全吻合。为此，北京筑信筑衡工程设计顾问有限公司（简称筑信筑衡）联手有关机构，研究、推出"图、材、量、模一体化"顾问服务模式。该模式将造价管控提前到设计阶段，可真正实现从设计源头控制工程造价。如此，也必将对设计、造价咨询企业发展全过程工程咨询中的人才转型提出了新的要求。

筑信筑衡的实践证明，设计、造价咨询企业打造核心竞争力，转型发展全过程工程咨询、全程造价顾问是一条有效的道路，而发展"图材量模一体化"，可为此转型创造必要的条件。这就需要将一批设计工程师、造价工程师等通过培训提升、转型为全过程咨询顾问工程师。为此，筑信筑衡提出打造"懂设计、懂造价、懂材料、懂施工、懂 BIM"的"五懂"型全过程顾问工程师的人才理念，制定了《全过程工程咨询顾问工程师培训大纲》，并成功培养出一批"五懂"型全过程顾问工程师，完成了筑信筑衡由传统的以"画图"为主的设计企业向全过程工程咨询顾问企业的转型。

设计企业发展全过程工程咨询，第一需要转变观念，第二需要加快复合型人才培养。本专项研究，通过对筑信筑衡全过程顾问工程师的培养进行总结，初步提出了设计企业培养"五懂"复合人才的培训方案，供同行设计、造价、监理企业参考。

1."五懂"型全过程顾问工程师的涵义

全过程顾问工程师，顾名思义，是建设业主在项目建设全过程中的高级技术和管理咨询顾问，它具备"私人"属性，是工程项目组织管理中的最高级人才。全过程顾问工程师应掌握设计、材料、造价、施工、信息化等专业知识，具有全

---

① 拓娟，李斌，王钱英写于 2014 年 11 月，选自筑信筑衡公司内部研究成果《设计-造价一体化研究》一书。

产业链、工程项目全寿命周期思维，能够用"带造价的设计"这根线纵向贯穿项目全寿命周期，横向贯穿建筑业产业链各干系方，促进项目实施全过程中各干系方的协作共赢，降低产业链交易成本，实现建设业主的项目目标最大化。

集成工程师，是顾问工程师的助理或初级阶段，熟悉建筑产业链及项目全寿命周期的内在关系，为全过程顾问工程师及战略合作商提供"图材量模一体化"技术标准、操作规程、应用软件、数据库等系统集成支持。以下专项研究中所指的顾问工程师，均泛指、包括全过程顾问工程师及集成工程师。

2. 设计企业中顾问工程师的现状和需求

（1）设计企业拥有大批传统的"懂设计"甚至精通设计的设计工程师，基本上没有顾问工程师。在设计企业负责设计、造价咨询企业负责造价、施工企业负责施工的传统建筑业模式下，设计人员不过多关注设计的经济性及产业链上下游对设计文件的使用体验，因此，提交的施工图常常难以较好地指导项目计价与施工，甚至图纸的"可计价性"、"易施工性"都十分不够。设计企业的这种单一产品模式，也使其丧失了应有的商务指导及管理、工程顾问能力，设计企业发展EPC 工程总承包也是举步维艰。

（2）设计企业及设计工程师不过多关注产品的经济性，将建筑产品设计的技术性与经济性严重割裂。在进行建筑设计的过程中，大部分的设计师只关注设计技术问题，却忽略了影响"方案完成度"的其他因素，如材料的影响，造价过高或投资分解对项目的影响，与施工工艺脱节造成损失，主材、造价等"甩项"或"暂定"等，使工程中后期管理难度增大。

（3）在过去房地产业飞速发展时期，设计企业任务爆满，以上问题虽一直存在，但无暇顾及，也为企业发展埋下了诸多隐患。面对经济新常态，设计企业面临困境，"带造价的设计"便是转型发展的重要切入点。这就要求培育设计工程师成为顾问工程师，从单独的设计，转变为与造价工程师、建造师进行"图材量价一体化"的协同设计。

（4）设计企业发展全过程工程咨询、EPC 总承包，工程商务管理是短板，而工程商务的核心是工程造价，这就要求设计企业要把大批设计工程师培养转变为"懂设计、懂材料、懂造价、懂施工、懂 BIM"的复合型顾问工程师。

3. 造价咨询企业中顾问工程师的现状和需求

全过程造价咨询，包括决策、设计、交易、施工、竣工五个阶段。住建标［2014］142 号住房城乡建设部《关于进一步推进工程造价管理改革的指导意见》指出，"推行工程全过程造价咨询服务，更加注重工程项目前期和设计的造价确定。充分发挥造价工程师的作用，从工程立项、设计、发包、施工到竣工全过程，实现对造价的动态控制。"我国造价咨询行业现行的全过程造价咨询，多局限在交易、施工、决算阶段，部分项目涉及交易、设计阶段。目前，造价工程师多数还是只会"按图建模"计算工程量、按定额套价的"预算员",难以满足建设业主对合约管理、主材顾问、全程造价顾问的需要,更谈不上设计阶段的协同配合。多数造价咨询公司还处在以计量、计价、审计为主要业务的 1.0 级造价咨询产品阶段,只有少数才刚刚进入以合约管理为主的 2.0 产品阶段。

根据住建部 142 号文件要求,造价咨询行业应重点发展以决策、设计、交易阶段为重心的造价咨询 3.0 产品,也叫作"随图造价咨询",这正是全过程工程咨询的一种服务模式,其实质上就是以造价管理为核心的项目管理或项目顾问,是造价咨询企业转型的方向,需要造价咨询企业创新发展模式,与设计企业相融合,需要造价工程师成为支撑设计企业发展全过程工程咨询的专业造价顾问。这就要求传统的以计量、计价或合约管理为主的造价工程师,尽快经过培训转变成为"精造价"的"五懂"型顾问工程师,适应造价咨询企业转型、发展全过程工程咨询的需要。

4. 建设业主中现有顾问工程师现状

发展全过程工程咨询,设计咨询企业急需大量的顾问工程师及复合型人才,而现阶段真正能称之为顾问工程师的人可谓凤毛麟角。其中大部分是通过在不同建设责任主体任职,经过多年工作经验的自然积累而自然形成的顾问工程师。这些人多分布在长期有结束任务的大型国有单位、大型房地产企业,尤其是建设业主中被称为"甲方建筑师"的人才群体,是发展全过程工程咨询的宝贵财富。

现阶段从事设计或造价的执业人员,无论在何方责任主体单位工作,相关专业知识的学习途径,基本为师傅传授、经验积累、执业资格考试等。这种非系统的学习方式,所学内容片面、时间长、代价大,不能满足建筑市场对顾问工程师的需求。这次推广全过程工程咨询,需要通过系统的培训,通过对造价、材料、施工工艺的熟悉掌握,提升设计、造价、工程管理人才队伍的综合能力,塑造大批的顾问工程师队伍。

5. "五懂"型顾问工程师培训

为满足全过程工程咨询对顾问工程师人才的迫切需求,清华大学-筑信筑衡全过程工程咨询研究小组提出,将传统设计师(包括建筑师、结构工程师、电气工程师、设备工程师等)、造价工程师、建造师经一定培训,培养成为"懂设计、懂造价、懂材料、懂施工、懂 BIM"的"五懂"型复合顾问工程师,并编制了初步的"五懂"顾问工程师培训大纲,现将筑信筑衡《全过程工程咨询顾问工程师培训大纲》主要内容扼要介绍如下,供各设计、造价、施工行业各同行参考。

(1)培训目的

1)帮助设计企业将各专业设计工程师培养成为顾问工程师,打造设计企业新的核心竞争力,发展全过程工程咨询,为向工程顾问公司、工程公司转型做好人才准备。

2）帮助造价咨询企业将造价工程师培养成为顾问工程师，为发展3.0级产品"随图造价咨询"，向决策、设计阶段延伸造价咨询服务，发展项目管理、项目顾问做好人才准备。

（2）培训内容及方法

1）懂设计：专业知识培训，指建筑、结构、机电等各专业技术规范、质量验收标准、操作规程的培训，使得能够精通本专业的设计工作。

2）懂造价：以工程制造成本数据、招投标案例为基础，结合项目，学习实战的造价管理知识，使得能够独立完成一般工程项目的招标工程量清单、投标最高限价的编制，具备在大型复杂项目条件下配合专业造价工程师进行造价管理的协调能力。

3）懂材料：在建设业主、施工企业的招标采购部门"轮岗"，熟悉材料招标流程及主材供应商，了解材料性能、生产工艺、价格等，使得在设计阶段能够熟练进行主材比较、选型，掌握编制主材顾问设计文件的能力。

4）懂施工：在工地的总承包施工项目部、监理公司项目部实习、工作半年以上，具体参与施工组织，使得顾问工程师熟悉施工工艺，掌握施工组织管理的一般常识。熟悉建设业主与施工方签订的《建设工程施工合同》，掌握合同管理的基本知识和能力。

5）懂BIM培训：进行BIM应用软件Revit等软件培训，并进行翻模应用实操训练，掌握互联网＋、BIM＋等信息技术在全过程工程咨询中的运用。

6）在资深顾问工程师带领下，通过实战完成工程项目的"图材量价一体化"设计及全过程工程咨询，或3.0级"随图造价咨询"项目实际操作。

6.结论

当前，建筑设计、造价咨询、建筑施工等行业的市场竞争，呈现同质化、低水平状态，降价、关系成为主要的竞争工具，而建设业主对控制工程造价、降低管理成本等已提出新的要求，住建部推进全过程工程咨询为此提供了一次良好的机遇。

设计企业转型发展全过程工程咨询、EPC总承包，造价咨询企业转型造价顾问、项目管理，必须推广"图材量价一体化"，并需将传统设计工程师、造价工程师培养成为"懂设计、懂造价、懂材料、懂施工、懂BIM"的顾问工程师。筑信筑衡是"图材量价一体化的开创者与标准制定者"，愿以开放、包容的态度，与同行合作而不竞争，分享筑信筑衡与清华大学的创新研究成果，为设计、造价咨询、监理同行企业培训"五懂"顾问工程师、集成工程师，为推进"图材量价一体化"——全过程工程咨询做出贡献。我们相信，随着设计、咨询、监理企业的发展全过程工程咨询，建设产业链各干系方将会在更佳的行业生态下通力协作，合作共赢，共同为建设业主提供"省钱、省心、省时"的建筑咨询服务产品，带动中国建筑业整体实现转型升级。

施工图及工程量清单"一体化"文件专项研究^①

引言

我国设计、造价与施工往往是由设计院、造价咨询和承包商分别独立完成，设计方因受到设计管理或体制上的局限，其在设计阶段造价控制的作用发挥不够；造价咨询方受业主委托按图计量、计价；施工方按图施工。现行体制下工程建设各参与主体基本属于各自为战的状态，出现设计—造价—施工各环节间信息不共享、节点信息断层等现象，造成建筑成果后置，施工过程问题凸显，包括价款调整、工程索赔、设计变更、现场签证等。施工阶段造价控制难度增加，工期马拉松、投资无底洞的工程乱象依然严重，导致投资浪费，增加社会成本[1]。

建设项目一般分为决策、设计、交易、施工、竣工五大阶段[2]，本文研究的目的在于提出完整的体系化建筑设计产业运营模式：施工图设计与最高投标限价一体化，将设计与交易阶段有效衔接，以解决现行模式中设计与交易阶段节点信息断层的状况。

本文研究基于带造价的设计基础之上，将现行建筑设计、工程计价和招投标过程合理搭接，通过方案经济性比较、投资分解、主材顾问、"图、量、材、价"联合前置优化、BIM等技术经济手段进行"带价设计"，提交带最高投标限价的施工图，此即"带造价的设计"。而本文聚焦于如何将施工图设计阶段与招投标阶段有效衔接，更加精细化地控制带价设计整个过程。

1 国内外施工图设计与最高投标限价现状

1.1 我国现行施工图设计与招标过程现状

我国现有施工图设计与最高投标限价编制工作分别独立完成。

施工图设计阶段：仅设计人员负责完成，造价人员并未介入建筑设计前期，

---

① 吴晓兰，郭戈，李斌，郭东星写于2014年11月，选自筑信筑衡公司内部研究成果《设计-造价一体化研究》一书。

即"定义阶段"造价定义先天不足。我国就施工图设计图纸的可计价性深度要求也未做明确规定，造价审核缺失；交易阶段：造价人员多数还只是"就定额套定额"，此阶段设计院只是以图纸答疑的身份出现，未对工程量清单、最高投标限价进一步核定。

造价管控由于体制的原因被严重割裂，工程管理过程出现阶段性脱节现象，节点信息不能共享，设计与交易阶段不能有效的相互影响、渗透，导致建筑成果后置，施工阶段问题凸显严重，且双方都不用为造价失控、工期拖延负责，只能让甲方沦为最终的"买单方"。

结合项目经验及理论分析，得出因设计与招投标过程衔接不够，易产生图纸可计价性不足、工程量清单缺量少项、描述不清、最高投标限价中暂估价过多等问题，而建筑成果后置的情况下，其返工、修复或者维护成本会大幅度增加，导致项目建设投资控制力度不足甚至失效。本文将从三方面对过程问题进行分析阐述。

（1）图纸可计价性不足

设计图纸可计价性的准确、完整表达可从源头上提高工程量清单、最高投标限价的准确性，对后期施工过程的造价管控也将更加有效。以往项目中设计工程师更多地关注甲方建筑方案要求，结构优化概念不足，缺乏适用的材料信息、专项设计甩向，造价控制概念较弱等，造成图纸可计价性不足；造价工程师编制工程量清单、最高投标限价时按图编制，并未对图纸进行过多造价专业优化，遗留问题对项目后续工作造成巨大影响。

某项目中，施工图设计阶段对石材幕墙专业分包项目甩项，面积约 9600m²，即只明确是石材幕墙，未具体设计，不具备计价条件。招标时建设方将此分项列为暂估价：1000 元/m²，后期二次深化设计，明确做法为背栓式，经认质认价综合单价为 1100 元/m²，且时间长达一年，因该项目属于关键线路上的关键工序，致使工期延误。本文查阅同期同类石材幕墙综合单价为 860 元/m²，就该项对建设方造成经济损失就达 230.4 万元。

（2）工程量清单缺量少项、描述不清

自 2003 年我国实行工程量清单招标后，实现了量价分离、风险分担原则[3]，但实行这种计价模式以来，并未达到预期的效果，很多工程在中标后索赔增多，变更增多，纠纷不断，其主要原因之一就是工程量清单编制质量不高，如工程量有误或项目特征描述不准等[4]，这就导致项目管理中造价控制困难，使得建设方比较被动；承包方也有可能利用错误的工程量进行不平衡报价，造成资源浪费。

某项目，工程造价约 1.5 亿人民币，采用清单计价模式公开招标。建设方将主体和室内装饰分别发包，先发包主体部分，工程量清单中提供的电缆量约 20000 米，结算时发现此量比图纸实际量多了近 6000 米，需扣减。经核查发现此部分综合单价明显低于同期正常组价，投标方在投标时采用了不平衡报价策略，造成建设方 325 万元损失。

（3）最高投标限价中暂估价过多

建设方在编制项目施工总承包招标文件及最高投标限价时，对本工程暂时不能确定价格的材料、设备、专业分包工程金额，给予一个暂定的价格，各投标人均按此"暂估价"编制投标报价。暂估价过多，招投标中投标报价的竞争性就大打折扣，直接影响了招投标活动的有效性；暂估价前期定价标准不明确，整个施工过程中，材料、设备价格（或专业分包工程）的"协商、认价"机制，必然促使施工方热衷追求更高的"差价"，甲乙双方陷入"量价双差"博弈大战；这种认质认价是靠双方各自调查市场价格然后"协商"确定，影响了工程招标的公平性，也影响了甲乙双方的互信，扭曲了甲乙方关系，不利于双方把更多的精力投入到工程管理中去。

某项目开工于 2011 年 7 月，材料、设备前期认质认价过程相对较快，后期因多种原因，部分材料认质认价甚至持续两年，影响建设工期。本文主要认质认价材料选取钢筋，选择项目认价较快的 2011 年 7 月到 12 月时间段的第一次钢筋认质认价单分析，共有 58 项，第一次认价后双方仍达不成共识的，施工方还会二次重新报价，要求建设方重新认价。

2011.7.3～2012.1.6 钢筋认质认价 3 项，价格差平均值：998 元/t；2011.10.12～2012.1.6 钢筋认质认价 15 项，价格差值平均值：773.6 元/t；2011.11.6～2012.1.6 钢筋认质认价 9 项，价格差值平均值：671.56/t 元；2011.12.12～2012.1.6 钢筋认质认价 23 项，价格差值平均值：627.26/t 元；2011.12.22～2012.1.6 钢筋认质认价 8 项，价格差值平均值：683.63/t 元。

第一次认质认价结果：价格差平均值＝（998＋773.6＋671.56＋627.26＋683.63）/5＝750.8 元/t；最长认价时间约 6 个月，最短约 2 个月。而本项目用钢量共计约 8140t，则就整个工程单项钢筋材料价格差即为 611.15 万元。

巨大的利益差，必然会导致建设方与施工方在认质认价环节上来回周旋，如有一方利益分配不均衡，必然会产生较长认质认价时间，严重者甚至会因认质认价问题导致工期延误、工程质量等一系列问题。

1.2　国外现行施工图设计与最高投标限价现状

国际通行的建筑设计方服务（Service）不仅仅涵盖建筑设计（Design）过程，而且贯穿整个建筑生产过程，同时作为对整个项目的专业监管和实际控制人，建筑设计服务涵盖了建造过程的全部和全程。国际通行建筑设计职能范围：设计·监理从设计条件的调研确认开始，到竣工交接结束，监理由设计方执行，确保设计意图的实现[5]。而其工程造价的管理是通过立项、设计、招标、签约、施工、结算、决算等阶段性工作来实现，并将以上工作贯穿于工程建设的全过程。工程造价管理在既定的投资范围内随阶段性工作不断深化，从而使工期、质量、造价的预期目标得以实现。

在美国，设计事务所提供的产业服务是顾问式，且链条很长，分方案设计、设计发展、施工文件三阶段完成，最后阶段设计公司提交建设方的施工图，必须含带最高投标限价，而且甲方的施工总承包招标文件也是由设计公司编制的。工程建设项目招投标阶段的投标价完全由市场决定，即是指，承包商根据自身的综合实力，在参照市场行情的基础上确定具体项目的投标价格[6]。市场价格报价体系降低了承包商的风险、充分发挥了承包商主动创新的潜力，同时也对承包商提出了更高的要求。

2　国内外施工图设计与最高投标限价现状对比分析

2.1　国内外建筑设计服务范围比较

国际通行的建筑设计和服务程序来看，一般可以把建筑生产的全过程分为策划—设计—施工三大阶段，包括策划、设计、招投标、施工与运营维护。

由图1可以看出，我国与国际通行建筑设计服务范围存在明显差别：我国建筑设计服务仅涵盖设计阶段，招投标和施工过程设计方不作为参与主体之一，只负责图纸答疑、图纸会审、施工验收等"售后"项目。我国施工阶段存在特有的工程监理，对工程质量、进度、安全起着监督、管控的第三方作用；国际通行建筑设计服务范围向前延伸至策划，向后延伸至运营维护，其招投标、施工监理过程建筑设计方作为责任主体参与者，建筑师协助业主推进并准备：招投标时间、条件信息，招投标可行方式，业主与承包商之间协议样式，施工合同条款（通用的、附加的和其他的）等。

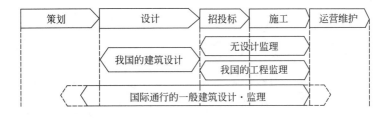

图1　国内外建筑设计服务区别

2.2　国内设计工程量与设计费用比值分析对比

由于各国在建筑设计服务内容的不同，整体设计收费体现在各阶段的比例也不相同。从表1可明显看出我国建筑设计服务阶段划分以及比重与国外及香港地区存在较大差异：发达国家建筑设计方设计与招投标基本都是由设计方一体化完成，并且都管控到现场监理、合同管理、竣工及验收阶段，其中德国招投标过程甚至占建筑设计服务流程的14％，而我国在招投标、现场监理及合同管理、竣工及验收等的任务量几乎为零，只是针对项目设计阶段。

国内外设计工程量与设计费用比值　　　　　　　　　表1

设计阶段	设计工程量/设计费用(%)				
	中国	美国	香港	日本	德国
前期策划	-	-	10	5	3
方案设计	20	10	5	20	7
初步设计(设计发展)	30	20	20		11
行政审批		-		45	6
施工图设计	50	40	35		25
招投标	-	5			14
现场监理及合同管理	-	25	30	30	31
竣工及验收	-				3

3　施工图设计与最高投标限价一体化模式操作流程

随着国外建筑设计机构进入中国建筑设计市场的进程加快，给中国建筑设计领域带来生机和活力，也使得我国与发达国家及地区的差异愈加明显。因此提出并推行一套符合中国国情并与世界接轨的建筑设计行业模式很有必要。本文基于现行施工图设计与交易阶段过程中存在的问题，提出施工图设计与最高投标限价一体化模式。具体模式运行关键点流程如图2：

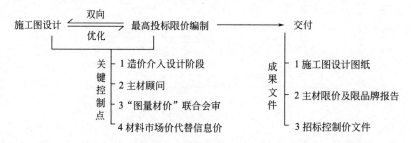

图2　施工图设计与最高投标限价一体化编制要点

施工图设计与最高投标限价一体化模式中，施工图设计与工程量清单、最高投标限价在原有模式执行过程中增加 4 项关键控制点，用以较好地衔接设计与招投标阶段，本文主要从以下四方面论述。

（1）造价介入设计阶段，即造价工程师从设计阶段就提前介入项目建设过程，将设计概算、施工图预算等经济指标阶段性反馈于设计师，有利于设计师有针对性的通过设计调整降低造价；一般设计，需经设计、造价工程师二次审核，保证其具有可计价性；对于需二次深化的专项设计，可不进行详细的施工图设计，但必须具备可计价性，规定其计价机制。

（2）主材顾问。包括主材技术参数、主材上限价、品牌范围、主材招标、封样、鉴定等工作。根据可计价性审核的图纸及工程量清单，与建设方充分沟通，共同确定该项目使用材料、设备的档次，根据工程师对市场的充分了解，建议给建设方该档次同种材料的三个及以上品牌，交付建设方主材限价及限品牌顾问报告。在此基础上可实行施工方自主报价采购、建设方认质不认价，有利于工程计价的准确性，减少材料、设备暂定价数量。

（3）"图、量、材、价"联合会审。由五懂工程师、设计、造价、建造工程四方联合会审。造价、建造工程分别从各专业角度对图纸进行审核，对图纸、招标文件、施工合同之间存在的错漏碰缺、可计价性不足、施工落地度不足等问题及时反馈于设计人员，将设计失误、造价优化点等提前至设计阶段解决，可大量减少施工过程中设计变更等问题，减少因图纸、工程量清单定义不清造成的计价错误及索赔隐患。

（4）材料市场价代替信息价。施工图设计进行到 80％左右即可进入工程预算建模阶段，再进入编制最高投标限价过程。将主要材料、设备归类分解，在主材厂商中进行"线上或线下代理模拟招标"，通过招标来确定现款现货单价；模拟招标的现款现货单价加上 10％左右，即为主要材料、设备价格，计入最高投标限价中，即可做到主要材料、设备市场价代替信息价。像钢材类价格波动较大者，采用认质认价，但事先应定义清晰认质认价规则，避免以后因认价方式发生不必要的争执。

在施工图设计与最高投标限价一体化过程中，设计与造价工程师合作紧密合作。最高投标限价编制前，设计工程师与造价工程师进行设计技术交底：包括设计图纸基本框架、特殊部位、新型材料、新型技术等，以便于提高造价工程师识图的准确性；工程量清单编制完成后，交由设计人员对主要分部分项项目进行审核，防止漏项等；造价人员对图纸设计细节不理解、模糊的地方，也可与设计人员随时交流深化。

4　设计与最高投标限价一体化模式应用的优越性

本文以西安市某项目为例分析该模式对工程造价、工程管理等方面表现出的明显优越性。

西安市某四层商业建筑（不含装修），结构形式为框架-剪力墙结构，地下一层，地上三层，建筑面积 25253.4m²，高度 14.3m，东西长约 37m，南北长约 130m，占地面积大，平面布局狭长，屋面结构复杂。项目暂估价材料达 350 项，涉及金额 3158.99 万元，占工程总造价的 52.3%。应用一体化模式前，该项目已进入基础施工阶段，因该项目施工阶段认质认价、设计变更过多，故对本项目利用设计与最高投标限价一体化模式进行优化，主要从此模式主控的图纸可计价性、工程量清单准确性、减少暂估价三方面入手，对本项目的后期施工产生了良好作用，为以后建设方项目也可起到借鉴作用。

（1）提高图纸可计价性

造价工程师与设计工程师对项目现有图纸审核，共计 34 项图纸可计价深化点，具体包括：基础底板±0.000 以下外墙防水层、±0.000 以上挡土墙处防水、材料、做法不明确；±0.00 以下砌体材质、厚度、砂浆强度等级未明确；构造柱、芯柱做法未明确；卫生间楼板留洞尺寸做法未明确；屋面斜屋面坡度较大，采用普通抗渗混凝土；消防报警器平面图中控制回路不完整等。对该 34 项内容进行图纸可计价再深化：明确材料类型、强度等级；深化结构做法；补充图纸不完整处等，共涉及造价：246.27 万元。

提前发现设计可计价问题，通过图纸可计价性再定义，不但提高了图纸的设计质量与表达深度，同时也避免了工程量清单漏项漏量、错项少量，减少变更签证，从而减少了建设方的被索赔点，降低工程造价。

（2）提高工程量清单准确性

从两方面提高工程量清单准确性：一是增加 34 项图纸深化点的工程量清单项；二是对原工程量清单进一步审核，修改完善。如混凝土项目编号未严格按清单格式执行，比如柱子未区分 1.8m 以内及以外，对此项工程量清单重新编码分项；屋面做法描述不全，此工程屋面做法复杂，且存在大面积种植屋面，此项造成造价差异明显，故对屋面工程不同内容描述明确区分定义。

建筑设计与最高投标限价一体化模式，从设计源头上提高工程量清单编制的准确性，其中包括列项规范性、工程量准确性、项目特征及工程内容描述。工程量清单编制的完整、准确，可使施工方对各分项各部进行投标竞价，节约工程造价。在此基础上编制的最高投标限价准确性提高，造价可控，也真正起到了施工招标指导性文件的作用。

（3）减少暂估价

优化后，本项目除钢筋采用认质认价外，其余材料均采用市场信息价，主要利用第三方市场信息价或市场信息询价。

工程主要材料暂估价为 3158.99 万元，忽略钢材认质认价，按平均施工方一般认质认价水平：上浮市场价的 10％～15％。本文取 12％，预计主要材料认价为 2630.85 万元，采用市场价替代暂估价后为 2511.27 万元（市场价采用第三方信息平台采价系统，如钢材采用"我的钢铁网"）。与原模式下预计认价结果相比，项目仅材料价损失 119.58 万元，计取管理费、利润、措施费、规费、税金后共涉及造价 152.52 万元，占工程总造价的 2.79％。施工过程中还会产生建设方与施工方认质认价过程中人力、财力、精力各方面的损失，不利于项目质量管控。

暂估价减少，有利于增强投标竞争性，为业主采用最低价方法提供保障。投标方为避免落标，在考虑合理利润基础上会将材料、设备价"报实"，以增加中标概率，材料报价一般低于施工过程中的认质认价；可优化缩减材料招标采购机构人员配置，节约工程成本；减少了甲乙双方因材料认价产生的纷争和索赔，有利于建立友好合作的工作氛围，增进双方的相互信任。

（4）提高最高投标限价准确性

利用此模式优化后，最高投标限价控制的精准程度会更高，减少后期施工过程的索赔点、工程签证等。本项目原最高投标限价为：5825.86 万元，施工图设计与最高投标限价一体化模式优化后的最高投标限价为：5287.98 万元，其中包括图纸深化工程造价增加的 246.27 万元，减少暂估价而节约的 152.52 工程造价等。为整个投标过程提供更为合理、准确的拦标价，为施工招标过程顺利、公平进行提供基础。

5 结语

本文通过典型工程案例分析，结合国内外设计与交易阶段现状比较，发现因设计与交易阶段衔接不足，导致建设成果后置，施工阶段问题凸显严重，对工程造价造成影响。基于以上研究分析，本文提出施工图设计与最高投标限价一体化模式，并通过案例详细阐述了该模式实践应用的优越性。此模式源于建筑设计方项目操作实践经验，并可有效解决我国现行建筑产业链中部分突出问题，为我国建筑设计行业的改革发展开拓了新方向，也必将逐步推动中国建筑业与国际化管理模式接轨。

6 展望

目前，我国跨专业领域的复合型人才还比较欠缺。在施工图设计与最高投标限价一体化模式中，设计师只有对材料、设备的规格、性能充分了解，才能在成本比较的基础上对材料、设备准确选择；懂得计价规则、定额规定、市场价等计价知识，才能在设计过程中，充分考虑建筑成品的功能和成本的关系，真正做到优化设计；懂施工技术的工程师就会在很大程度上提高施工图的可实施性。造价师需熟悉基本的建筑设计概念、深谙施工工艺等。只有配备一大批高水平的复合型设计师与造价师，即"懂设计、懂造价、懂施工、懂材料"，才能够保证该模式的准确执行和落实，做出将工程造价控制在合理范围之内的最优的设计。

参考文献

［1］任玲华.施工图设计阶段的建设工程造价控制研究［D］.浙江工业大学，2013.

［2］项目全过程造价咨询规程（CECA/GC 4-2009）［S］.中国计划出版社，2009.

［3］高琳.从设计院角度谈提高工程量清单编制质量的办法［J］.江西建材，2014.

［4］王群力.工程量清单中清单工程量的计算［J］.福建建筑，2008.

［5］吕芳.建筑工程设计行业服务模式研究［D］.同济大学，2008.

［6］方鸿强.美国建筑业招投标报价体系介绍与分析［J］.建筑经济，2002.

"图、量、材、价" 联合优化专项研究[①]

引言

我国目前对于建筑工程造价的管理，建设单位绝大部分只重视施工阶段的工程造价，而忽视设计和交易阶段，尤其后期的施工图设计和最高投标限价编制阶段。工程设计人员的现状是技术水平、工作能力、知识面较高，但经济观念淡薄。在进行建筑设计的过程中，只关注设计本身存在的技术问题，却忽略了一些与设计关系密切并对建筑工程造成影响的因素：主要材料的差异对建筑工程的影响；建筑造价过高对建设单位造成的损失；设计不符合实际施工工艺导致施工难度增大等。设计单位将主要材料、工程造价、施工工艺等问题遗留给建设单位、造价咨询单位以及施工单位解决。通常认为技术上可行，安全可靠，就算完成任务，使建设工程难度增大。而大多数概预算人员则根据图纸套定额进行工程量清单及最高投标限价的编制，不熟悉工程技术，也较少了解工程进展中的各种关系和问题。由于从技术角度考虑不足，工程量清单及最高投标限价编制准确度不高，导致建设项目投资控制与实际相去甚远，招投标工作不能体现公平、公正的原则。

本文将施工图、工程量清单、主材方案及最高投标限价进行一体化研究，即在施工图完成后对施工图进行计价性校审，然后对施工图、工程量清单、主材方案和最高投标限价进行联合优化（简称"图、量、材、价"联合前置优化），以解决上述问题。

1 "图、量、材、价" 联合前置优化的必要性

因受到设计管理和体制上的局限，设计单位设计图纸的质量参差不齐，且在设计阶段对主要材料和工程造价关注度不够，使得目前建设项目产业链中处于设计下游的工作难度增大：建设单位在拿到设计单位交付的施工图设计文件后，另行委托造价咨询单位编制工程量清单及最高投标限价。造价工程师主要根据自己

① 雷振虎，郑鹏勋，陈武，薛建刚写于 2014 年 10 月，选自筑信筑衡公司内部研究成果《设计-造价一体化研究》一书。

对图纸的理解，编制工程量清单及最高投标限价，图纸中描述不清的主要材料一般采用暂估价的形式。因此进行"图、量、材、价"联合前置优化工作可以提高施工图设计质量、工程量清单及最高投标限价准确度，同时也提高了投资效益，主要表现在以下几方面：

（1）减少了施工图的错漏碰缺，提高了图纸质量。"最能吃透图纸的人，莫过于设计师本人和造价人员"。在施工图可计价性校审过程中，造价人员首先对图纸不能全面、客观、准确完成计价工作的部分给予校审意见，设计工程师根据校审意见修改图纸，以减少错漏碰缺，提高图纸质量。

（2）增强建设项目各功能部分造价构成的合理性，提高资金利用率。通过"图、量、材、价"联合前置优化工作，全面了解工程造价的结构构成，分析资金分配的合理性，并可分析建设项目各功能部分与该部分成本的匹配程度，调整使其更合理。

（3）提高建设单位投资控制效率。通过"图、量、材、价"联合前置优化工作，了解建设项目各组成部分的投资比例。将比例大的部分作为投资控制重点，进而控制总投资，提高投资控制效率，增加建设单位资金灵活性。

（4）增强建设项目招投标工作公平、公正性。通过"图、量、材、价"联合前置优化工作，提高施工图可计价性、工程量清单准确性，对主要材料进行明确定义，并提供合理的主材价格，可减少最高投标限价中的暂估价，使建设工程成本更加透明，招投标工作更公平公正；暂估价过多增加了施工阶段不必要的认质认价工作，影响工程成本控制，影响工期，并对建设单位造成不必要的损失。

鉴于此，开展"图、量、材、价"联合前置优化工作，是指导建设项目投资控制及招投标工作的紧要任务。

2 现行施工图及最高投标限价存在的问题

2.1 图纸可计价性不足

施工图的可计价性，是指施工图设计完成后，在造价工程师编制招标工程量清单、最高投标限价过程中，就施工图表达深度可否满足其全面、客观、准确地完成计价工作所做的一种评价，同时对不足之处提出校审意见，并协助设计人员对图纸予以修改和完善。目前施工图可计价性不足存在以下问题：

2.1.1 施工图设计文件表达深度方面

我国房地产业经历了迅猛发展的十年，基础设施建设投入急剧增加，建筑市场规模不断扩大、建设周期缩短，使建筑产业链各环节时间缩短，工程质量难以保证。在施工图设计阶段表现为：图纸本专业内存在表达不完整、前后矛盾等问题；各专业之间配合完成度低，图纸中存在错漏碰缺问题，工程做法落地性不够，与实际施工工艺不符，增加了后期施工过程中的变更签证及各方责任主体的沟通成本，最终导致项目投资成本的增加。

某民企投资项目，委托某设计单位进行设计，因设计人员疏忽，将基础底板、外墙防水做法漏项，造价咨询机构按图编制最高投标限价，也没有发现此问题。施工单位中标后，对此提出质疑，设计单位考虑后认为应该增加防水。施工单位据此报价，并请建设单位确认，增加工程造价约300万，却不能预先展开招标竞争。

设计工程师漏掉基础底板、外墙防水设计，致使工程量清单缺项漏项。此种问题只能在施工阶段认质认价，影响工期，对建设单位造成损失。

2.1.2 二次设计部分的图纸完全甩项

建设项目部分设计不在施工图设计阶段完成，需要做二次设计。主要有幕墙、装饰构件（架）、入口门头（廊）、雨棚、屋面构架、采光天棚（架）、建筑意境相关的局部构想，以及专业性较强的医疗建筑中的手术室、洁净空调等。一般施工图标注为"由业主另行委托进行二次设计"，造价工程师在编制工程量清单及最高投标限价时采用暂估价，在施工阶段再进行二次设计，然后认质认价，浪费大量人力、物力以及财力。

2.2 设备和材料信息不明确、价格与市场价差异较大

受体制及法律法规的限制，施工图设计中材料、设备的品牌规格不能明确。但是材料、设备品牌规格是影响建筑工程实际效果、总投资及最高投标限价的主要因素之一。在编制最高投标限价过程中，无法对材料、设备准确定义，造价偏差浮动较大。

目前，造价工程师编制最高投标限价采用材料价格均参照造价管理部门发布的建筑材料信息价。信息价一般与市场成交价之间存在较大差异，且存在信息价种类不全的现象。造成材料价不准确，或者以暂估价形式计入最高投标限价，导致最高投标限价不准确。

2.3 缺乏懂材料、造价、施工的设计工程师

建筑材料是建筑工程的物质基础，建筑设计的"源头"，因此设计单位需要有工程师懂材料规格、性能，还要懂成本和价格。只有对材料、设备的规格、性能充分了解，才能在成本比较的基础上对设备材料准确选择；懂得计价规则、定额规定、市场价等计价知识，才能在设计过程中，充分考虑建筑成品的功能和成本的关系，真正做到优化设计。另外，工程设计最终目标是形成工程实体，设计单位有懂施工技术的工程师就会在很大程度上提高施工图的可实施性，并提升工程计价的准确性，减少实施过程中的变更量。

例如某西部城市公建项目，设计图纸内墙做法为挂贴花岗石面板，面积约 20000m²。招标时，由于造价工程师不熟悉工程技术知识，造价咨询单位依据图纸及建设单位要求，编制工程量清单及招标最高限价，依据当地定额套挂贴石材子目，综合单价应为 287.6 元/m²。投标时，施工单位结合多年施工经验，认为此做法不适合该项目，石材应为干挂法。投标方利用该设计漏洞，采取不平衡报价，低价中标，即 230 元/m²。施工过程中，施工单位指出此设计做法属于已淘汰工艺，弊端较多：易脱落，医院内人流量较大，后期使用存在安全隐患。后经建设单位、设计单位协商，变更为干挂石材。双方造价人员依据合同，对变更后的做法进行组价确认，扣除原投标报价 230 元/m²。这样，建设单位无故损失 57.6 元/m²，分部分项合计 115.2 万元，取规费、税金后约 130 万元。

由于设计工程师对建筑材料及施工工艺不熟悉，采用了市场上不常用且不适合该项目的工艺及产品。造价工程师依据设计图纸编制了工程量清单及最高投标限价，给投标单位带来不平衡报价的机会，亦给建设单位造成不必要的损失。

3 "图、量、材、价"联合前置优化的操作方法

清单计价模式下，建设单位提供的工程量清单和施工图，都是施工单位施工的依据，材料和造价是建设项目的经济命脉。图、量、价同是建设项目的支柱。设计工程师协助造价工程师通过沟通并予以专业建议；设计文件表达清晰、准确、完整；二次设计内容给予控制性说明；施工图附带工程量清单，对图纸进行计价校审。减少了工程量清单的错项漏项、缺项少量现象，同时在施工图的可计价性方面做出修改后。主要材料、设备的品牌以及材料、设备价格是影响最高投标限价的主要因素。因此，在施工图可计价性和工程量清单审核完成后，主要从材料、设备品牌确定以及材料、设备价格审核两方面审核。

3.1 施工图计价校审

3.1.1 沟通并予以专业建议

在施工图完成后，计价校审开始前，校审单位通过信息等技术更好地与设计单位、造价咨询单位、建设单位联络，准确了解业主对建设项目的需求、设计单位的设计意图及造价咨询单位的成果，为业主在设计方案优选、投资控制、材料、施工等方面提供更好的服务。

3.1.2 设计文件表达清晰、准确、完整

施工图纸基本上由两类文件组成，即文字和工程实际图纸。文字部分包括设计说明、图表；图纸部分包括平、立、剖面及所有详图大样。

文字部分的设计说明内容涵盖了对工程的所有要求，是指导和规范建设工程

的纲领性文件。此部分设计单位都有较好的规定，都能准确地将建设工程叙述清楚。本文主要强调图表在文字部分的的作用。一般的工程设计习惯有：门窗、室内（外）做法表格。进一步加深工程图纸的了解，往往还需完善一些可以补充的内容。如"屋面材料做法表""地下防水做法表""选用标准图目录"等。这一类表现形式特别是在外地工程、重要工程、复杂工程、涉外工程中特别重要；如选用标准图集时，很多地方或具体工程中，选用时往往一类图集不够用。此类问题如果用列表、备注、修改的表格进行时，能够很清楚地说明问题；如门窗的大样图纸问题，一般画出正立面大样就算完成了，其实还需注明材质的规格、表面（颜色）的要求、尺寸划分控制要求、不同部位玻璃的要求、具体部位的进一步交代等。

平面要注意放大图的作用。随着建筑功能、外立面造型、建筑技术的提高，平面图中要表达清楚的内容越来越多，容易表达不清楚，而绘制大样就是最好的表达方法；剖面图表达要全、到位。剖面突出在解决垂直空间关系之外，他的另一个重要作用就是作为墙身大样的互补、对应作用。利用立面或平面表达索引号，却忽略剖面的利用，往往剖面中暴露出的部位，恰恰是平、立面可能看不到的地方，而利用剖面作索引就能解决此问题；立面的直观作用是视觉效果，施工图的作用就是如何实现它，外饰面材料、墙面做法，必不可少。对于较高要求的立面、装饰，应该绘制局部大样，比如石材、面砖、装饰（板）的尺寸划分要求等；详图是深化设计规定施工所需的重要图纸，要实现设计意图，主要表达的是建筑细部。详图表达需完整、详细。

3.1.3 二次设计的图纸给予控制性说明

施工图要考虑二次设计的问题，设计师事先要对二次设计部分提出要求或预留出尺寸，二次设计的东西不能完全甩项，要用图（控制性）、文字说明予以控制说明。

建设项目需要二次设计的主要有幕墙、装饰构件（架）、入口门头（廊）、雨棚、屋面构架、采光天棚（架）、建筑意境相关的局部构想，以及专业性较强的医疗建筑中的手术室、洁净空调等。由于这类设计专业技术要求较高，且需要相应设计资质，施工图设计中无法对其详细表达，但应做出控制性要求。以石材幕墙为例：施工图中给予控制性尺寸，且规定石材材质、颜色及大致的安装方式（干挂、湿贴等）的同时还应规定石材的分割大小以及石材具体的安装方式，如干挂石材的干挂形式：背栓式、背挂式等，及龙骨的大小等。根据这些信息，造价工程师可根据经验编制工程量清单及最高投标限价。在施工阶段再进行二次深化设计，不需再进行认质认价。

3.1.4 施工图附带工程量清单

设计工程师协助造价工程师编制工程量清单的过程中，发挥造价工程师对工程造价、施工成本掌握的综合优势，对施工图表达深度可否满足其全面、客观、准确地完成计价工作做出评价，同时可对不足之处提出校审意见，并协助设计人员对图纸予以修改和完善。并积极与设计师沟通，选择合理的设计落地方案，减少材料、设备、专业分包工程的暂估价，降低建设单位的投资成本，使工程造价更趋于客观，且成本可控。

设计工程师协助造价工程师解决工程量清单中存在的问题主要包括：编制工程量清单过程中，因编制时间紧、造价人员专业知识欠缺及对图纸理解不到位等原因，造成工程量清单错项、漏项；造价人员对项目施工工艺、流程或施工规范不清楚，造成工程量清单项目特征描述不全；因施工图设计深度不够，导致编制依据不充分，对项目特征的描述仅停留在施工图纸工程量清单中的错项漏项、清单描述不清。

在20世纪90年代中期以前，设计图纸都会附带主要设备或构件表，设计院技术经济所随图向建设方提交施工图预算。当时没有专业造价咨询机构，设计院技术经济所提交的施工图预算，常常就是建设方与施工方签订合同的重要依据。后来由于体制的变化，设计院的工程造价职能就慢慢地弱化甚至消失了，设计院只负责画图，设计师不用考虑计量、计价。造价工程师依据施工图纸编制工程量清单的过程中，可提高图纸可计价性，对处于建筑工程产业链下游的工作起到更好的指导作用。

3.2 材料、设备品牌确定

材料、设备品牌是影响建筑工程成本及最高投标限价的主要因素之一。目前市场上同等材料、设备种类繁多、品牌多样，价格浮动也较大。如在招投标工作进行前不明确，在施工合同签订后由于材料、设备的品牌问题造成大量的认质认价，导致建设工程成本增大、工期延长，对建设单位造成不必要的损失。

某房地产项目，建设方为南方大型地产公司，其为邀请招标，要求施工单位提前按施工图纸进行工程量计算，并双方就清单进行核对，明确项目主要材料材质、规格、品牌（厂家）及市场采购价格，确定综合单价，最终形成合同价。在双方事先确定"量""价"的基础上，实行总价包死合同，结算时只考虑合同外变更、签证增加费用，确保了建设方合理、有效控制工程投资。竣工结算，小高层住宅建安造价为1296元每平方米。而同期同类工程造价约为1800元每平方米。降低了工程项目成本支出。

根据多年对市场的调研，同档次同品牌的同种材料在市场上的价格差异较小，对项目总成本影响不大。鉴于此，"图、量、材、价"联合前置优化单位与设计单位、建设单位充分沟通，共同确定该项目使用材料、设备的档次，然后根据工程师对市场的充分了解，建议给建设单位该档次同种材料的三个及以上品牌。三个及以上品牌有利于材料、设备厂家之间形成价格竞争，避免同一厂商由于品牌单一有意抬高材料价格，也符合市场竞争规律，保护了建设单位利益，节约了社会成本。

3.3 材料、设备价格审核

最高投标限价中的主要材料、设备价格一般参照造价管理部门发布的建筑材料信息价。信息价一般与市场价之间存在较大差异，且存在信息价种类不全的现象。因此，主要材料、设备的价格应来源于市场价。具体做法如下：

（1）将主要材料、设备归类分解，在主材厂商中进行"线上或线下代理模拟招标"，通过招标来确定现款现货单价；

（2）模拟招标的现款现货单价加上10%左右，即为主要材料、设备价格，计入最高投标限价中。

4 设计单位"图价一体"模式建立

大多数设计院是设计部做设计，造价部做造价，部门之间相对独立交集较少。在施工图、最高投标限价编制完成后，"图、量、材、价"联合前置优化对其存在的问题进行统一解决。但是，很多问题都是设计阶段需要确定的，否则很难在项目建设后期一次性解决。因此，设计单位图价一体模式的建立，为"图、量、材、价"联合优化提供更为合理、完善的基础设计资料，可真正做到从源头对建设项目进行造价控制。

设计单位图价一体模式：即设计单位中造价所或专业造价咨询机构与设计所合作，在设计的全过程中，为设计师提供主要材料、造价咨询服务，并在完成施工图的同时，随图向建设单位交付工程施工最高投标限价。图纸及施工最高投标限价由设计工程师、造价工程师和建造师协作完成，提高了图纸的可计价度，减少了材料暂估价，节约了工程造价，增强了建设单位对建设项目工程投资控制。具体流程如下图：

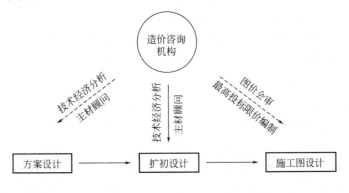

设计院应明确技术与经济相结合的经营目标，培养设计工程师造价意识，增长其造价与材料知识。然后与造价咨询机构合作完成图量价一体。具体从方案设计、扩初设计、施工图设计三个阶段进行：

（1）方案设计阶段。

方案设计时，造价咨询机构与设计单位共同综合考虑各方面因素，对方案进行全方位技术经济分析比较，结合实际条件，选择工程完善、技术先进、经济合理的设计方案。

利用造价咨询机构积累的主材性能、使用功能、视觉效果、市场行情、使用年限等一切信息，为设计师提供主材顾问服务，帮助设计师选择最适合建设项目的主材。

（2）扩初设计阶段。

扩初设计是在方案设计基础上的进一步设计，造价咨询机构运用价值工程为建设项目进行造价分配。全面了解工程造价的结构构成，分析资金分配的合理性，并可分析建设项目各功能部分与该部分成本的匹配程度，并调整使各功能部分资金分配合理，帮助各专业设计师选出最优的实施方案，使建设项目美观、经济、实用。

（3）施工图设计阶段。

施工图设计阶段，造价工程师在编制工程量清单、最高投标限价的过程中与设计师共同进行图量价材会审：通过编制工程量清单就施工图的可计价性进行审核并协助设计人员对图纸予以修改和完善；通过编制最高投标限价对主要材料、设备的品牌型号以及价格给予确定。最终实现质量可靠、技术成熟、造价可控、周期合理的设计产品。

5 结语

设计单位与造价咨询机构合作通过"图、量、材、价"联合前置优化，可提高施工图质量、工程量清单及最高投标限价的准确性，具有以下特点：减少了施工图的错漏碰缺，提高了图纸质量；减少了工程量清单的漏项漏量、错量少项，减少了建设单位被索赔点；减少了工程暂估价，减少了认质认价所造成的人力、物力、财力及时间的浪费，有利于构筑建设责任主体间相互信任的合作关系；使工程项目总成本得以控制、招投标工作更公平公正。

住房和城乡建设部关于进一步推进工程造价管理改革的指导意见【住建标〔2014〕142】号文件指出："完善工程全过程造价服务和计价活动监管机制。推行全过程造价咨询服务，更加注重工程项目前期和设计阶段的造价确定"。表明国家通过管理改革，实现工程计价的公平、公正、科学合理，为提高工程投资效益，规范市场行为奠定了基础。

总之，通过"图、量、材、价"联合前置优化，从技术角度加强设计阶段造价管控，为建筑行业的改革发展开拓了一条新的思路，符合国家政策改革的总体思路，必将逐步推动中国建筑业与国际化管理模式的接轨。

参考文献

[1] 住建标〔2014〕142号，住房城乡建设部关于进一步推进工程造价管理改革的指导意见〔EB〕. 北京：住房与城乡建设部，2014.

[2] 高琳. 从设计院角度谈提高工程量清单编制质量的办法〔J〕. 建设经济，2014.

[3] 王涵镔，杜通林，龙征海. 以设计院为主体的EPC模式造价控制〔J〕. 技术经济，2012.

[4] 王毓静. 浅谈设计与施工招标阶段工程造价的控制〔J〕. 科技创业家. 2013.

主材顾问专项研究[①]

引言

　　建筑材料是建筑工程中不可或缺的物质基础。各种建筑物与构筑物都是由各种建筑材料经合理设计、精心施工而成。建筑材料的品种、规格及质量都直接关系到建筑物的形式、建筑施工的质量和建筑物的适用性、艺术性和耐久性，且建设工程中的主要材料费用占工程总造价的比重较大。因此，对主材的选型及价格的控制，是控制工程质量及工程造价的关键点。但在实际项目中，建设方及设计方对主材选型、主材品牌规格、主材价存在信息不畅、与市场脱节等问题，导致建设项目难以达到预期效果，工程造价偏高、暂估价过多等问题，对建设项目造成损失。本文以第三方的角度为建设方及设计方提供主材顾问服务，以解决上述问题。

　　本文研究内容是"图价一体"模式的重要组成。图价一体，全称为：设计·造价一体化。将现行建筑设计、工程计价和招投标过程合理搭接，通过主材顾问、"图、量、材、价"联合前置优化等方法，将工程造价有机融入项目建设全过程，从源头控制工程造价，力求全过程工程管理的规范化、透明化。土建工程中，材料费一般约占工程造价的 65% 左右，装修及安装工程中所占比例更高，因此材料不但要性能满足设计要求，而且要求选用具有经济性，并且能准确记入市场价时，"图价一体"模式才能真正发挥作用。

1　建设工程主材选型及采购供应的现状

　　我国房地产业经历了迅猛发展的十年，基础设施建设投入急剧增加，建筑市场规模不断扩大、建设周期缩短，使建筑产业链各环节时间缩短，对工程组织协调、工作质量、管理模式等方面提出了更高要求，工程主材选型、采购供应面临很多挑战。我国基础设施建设主材选型及采购供应的现状如下：

---

　　①　张晓刚，雷振虎，王宏武写于 2014 年 10 月，选自筑信筑衡公司内部研究成果《设计-造价一体化研究》一书。

1.1 建设工程中"主材定义"的现状

材料的概念多停留在建筑主体、装饰、装修、室内设计等领域，建筑材料的选型一般由建筑师根据业主意见确定；中小型建设方大多缺乏懂主材的工程师。主材选型阶段，仅凭主管领导个人的感觉确定主材的选型，不能与建筑设计理念很好的协调，随意性大，部分主材会明显违背有关技术规程，或因循守旧或一味超前而脱离实际；有经验的设计师对主材的了解也仅限于自己熟悉的、常用的主材（不系统、不全面、也缺乏对新材料的了解），往往只能被动的从市场商业化产品中选择建筑材料，而使最终的作品显得粗糙，缺乏个性特征及感染力，只能满足建设方对建设项目的基本需求，但从主材的经济性和适用性方面不能使建设方完全满意，可能会导致建设项目投资增加、后期维护费用加大、经济效益低，从而使业主对设计院提供的服务不完全满意。增加设计变更的概率，不利于投资控制。

1.2 主材采购供应现状

主要材料选型确定后，主要材料的质量直接影响建筑工程的质量，因此建筑工程主材供应链质量控制至关重要。我国建筑工程主要材料采购工作一般由建设方或施工方自主选择主材供应商以及物流提供商完成。由于地域及采购人员的差异，主材供应渠道五花八门，材料质量无法得到有效控制；另外由于每个建筑企业的支配能力、资源控制能力等方面差异性较大，很难具有像政府那样的号召力和控制力，材料质量无法得到保证。

工程项目的投资额度一般都比较大，通常为数千万元甚至更大。而其中主材占工程项目造价的50%以上。许多业主方为了自身利益，一般要求主材供应商垫付主材款，转嫁经营风险。而主材供应商资金不足，主材供应不能满足建设项目进度需求，导致工期延误、工程质量难以保障，主材款的结算就更为不利，形成恶性循环。建设方、施工方、生产厂商以及物流供应商之间互相扯皮、彼此抱怨，不仅损害了各方的合作关系，也使急需的主材无法到位，最终影响工程项目的顺利进行。

针对以上现状，本文通过主材顾问这一既具有技术性又具有策略性的第三方咨询服务，使主材选型及采购供应科学合理。既能充分体现业主的意图和要求，又能更好的指导、贯彻和落实设计师的建筑设计理念，从而保证建筑项目的综合效益。

2 主材顾问概念

2.1 主材顾问的概念

主材顾问即为建设方和设计方提供设计、交易等全过程的主材优选服务，包括主材技术参数、主材上限价、品牌范围、主材招标、封样、鉴定等工作，施工方自主报价采购、建设方认质不认价，提高工作效率，也有利于工程计价的准确性，减少材料暂定价数量。以期能为建设项目提供最佳的主材选型，为降低建设成本提供有效的技术支持。主材顾问为建设项目提供独立、中立的服务。

2.2 主材顾问作用

（1）在建设工程的主材选用中发挥参谋作用，促进业主、设计方主材选型及采购的科学化；

（2）为建设工程控制成本提供有力支持；

（3）在建设工程各阶段提供主材的全程咨询服务，保证工程项目的顺利进行；

（4）在实行经济合同管理中发挥指导作用，实现业主对经济合同的全面、科学管理；

（5）在解决主材纠纷时发挥代理、调解作用，理顺业主与设计院、施工方、供货商（分包商）的关系，维护各方的合法权益。

3 全过程主材顾问的操作方法

主材顾问服务贯穿建筑工程的全寿命周期，包括方案设计阶段、初步设计阶段、施工图设计及招投标阶段、施工阶段、竣工阶段。本文就主材顾问服务分别从每个阶段进行阐述。

3.1 方案设计阶段

建筑方案设计是建筑设计中最为关键的一个环节。它是每一个建筑设计从无到有、去粗取精，去伪存真、由表及里的最具体化、形象化的变现过程。主材顾问服务在方案设计阶段主要根据建筑材料的特性及形式表现建筑方案的特殊性及实用性，具体做法如下：

（1）首先，主材顾问工程师与业主、建筑师、设计师做出充分的接触及沟通，以取得建设工程的信息及数据。根据主材顾问工程师掌握的建筑材料知识，将具有新型节能、绿色环保的主材设计理念带给业主参考，使整个项目设计满足基本需求的同时，达到先进、合理、灵活、节能的要求，并达到国家要求的节能环保的绿色建筑产品。

（2）根据业主及设计师提供的建筑设计资料，综合前期投入成本及今后营运成本角度出发，提供各专业主材设计参数。

（3）研究各种可行的主材选用方案，分析各方案的成本及技术优点，并提供选择的意见，达成与业主及各设计参与方对主材选型的共识。

（4）提供《主材优选报告》，落实主材设计数据及技术要求，帮助业主及建筑师完成方案设计工作。

3.2 初步设计阶段

初步设计是在方案设计的基础上的进一步设计，但未达到施工图设计的要求。该阶段需要针对建设工程中各种材料在特性、价格等方面进行对比分析，使建设工程美观、经济、实用。具体做法如下：

（1）根据业主批准的方案设计及投资额度，提供各专业主材相关的数据选型分析报告，以帮助业主及各专业设计师对每个专业的主要材料进行选型。

（2）根据有关政府部门制定要求，将绿色、节能的主材融入设计中。

（3）从材料的特性和经济等方面出发，研究和落实每个专业的主材选型，以达到建筑品质与成本间的平衡。

（4）提供《各专业主材优选报告》。内容及深度将达到国家设计文件的要求，协助各专业设计师完成设计。

3.3 施工图设计及招投标阶段

施工图设计阶段主要通过图纸，把设计者的意图和全部设计结果表达出来，作为施工制作的依据，是设计和施工工作的桥梁。招投标是一种对建设工程有组织的市场交易行为。主材顾问服务需要在该阶段进一步对建筑材料的品牌、规格型号及价格进行确定，具体做法如下：

（1）主材顾问工程师完成主材表，然后与设计师共同协助造价工程师完成各专业招标工程量清单，并提供同种材料、同档次三种以上品牌，编制《主材限价及限品牌顾问报告》，供招投标及施工阶段采购用；

（2）将主材表进行归类分解，在主材厂商中进行网上"代理模拟招标"，通过招标确定现款现货单价；

（3）通过招标确定的现款现货单价上浮10%左右利润作为主材上限价，提供给造价咨询方，并计入最高投标限价；

（4）施工方在工程投标时进行包括主材在内的竞争性报价，合理低价中标；

（5）协助业主及造价工程师制定施工合同条款中有关主材质量验收标准及品牌范围等要求；

（6）审核回标技术文件及投标方提供的设备数据，编写评标报告书及建议书。

3.4 施工阶段

（1）为业主提供所需主材的封样、鉴定服务。

（2）"非直营大宗采购价"服务。对常用的大宗主材，与厂商签订集团大宗采购战略协议，并以此大宗采购价推荐给业主，降低采购成本。如：电线电缆、配电箱、阀门，灯具等。

（3）"直营大宗采购供应"服务。对部分材料，可直接自营出资进行战略采购，并供应业主。

（4）进行阶段性现场巡查，监督主材供应商的进场主材质量。

（5）对于不符合规格要求的主材及设备，协助业主发出整改清单，供业主指导施工方尽快完成整改。

3.5　竣工验收

（1）协助业主核查及督促施工方提交主材设备的操作及维修手册、测试证明书等。

（2）审核承包商提供的维修保养手册，确保其符合承包合同的规定及要求。

本文总结主材顾问模式在方案设计、初步设计、施工图设计及招投标阶段、施工阶段、竣工验收的实践应用过程中的经验、数据，参考有关国际、国内标准和先进项目经验，对《建筑工程主材顾问操作规程》实施标准也做了初步研究探讨，希望能规范及流程化主材顾问的应用，为各参与方提供一个实施该模式的标准框架与流程，为该模式的具体实施提供指导依据。

4　全过程主材顾问对项目管理的影响

4.1　主材顾问对建设方、设计方带来的益处

主材顾问方在项目前期（决策阶段、设计阶段）介入，配合设计方各专业设计师进行主材选型，提供"主材选型研究报告"；在最高投标限价编制阶段，为其提供"主材上限价及品牌范围顾问报告"；前期的选型、限价给项目提供可靠地质量保证，比较精准的工程造价。为业主节省大量的人力、物力、财力。也能节约大量的社会资源。

全程的主材顾问服务助力建设方提高项目管理效率，降低项目管理成本。主材优选报告为业主及设计方提供了专业、精准的主材信息，使建设方更容易找到适合本项目的主材，从而降低了主材选型时间，节约了人力、物力等。同时，主材顾问机构积累的大量的优质主材供货商直接可以推荐给业主，缩短了采购环节，提高了交易效率，节约了交易成本。

4.2　主材顾问对项目管理的影响

全程主材顾问服务为全过程造价控制提供有力的保障。全过程造价控制的重

点在建设期，其中的核心又是对材料价格的控制。前期定义、限价增加了信息的透明度，签订的"非直营大宗采购价"，有助于降低主材的价格，降低建设成本。施工方可以通过推荐的供货商，获取更多的建材信息并进行价格对比，在保障质量的基础上选购到相对低价的材料，从而降低主材的采购成本。

建筑材料的质量是否达到建筑设计要求，会直接影响建筑工程的质量。主材顾问服务前期的主材品牌范围选定对主材质量控制提出了要求，以及全过程的主材质量监督跟踪、主材封样、鉴定等服务为建设项目提供了可靠的质量保证。

市场开放加大我国建设行业竞争。随着我国加入 WTO，我国的建设行业面临更激烈的国际竞争。目前国内建设行业相关方的综合竞争能力普遍低于国外，主要差距在于管理，而主材顾问服务模式是弥补管理缺陷的重要手段。

5　结语

全过程主材顾问为建设工程提供主材优选、主材市场价、主材供应等服务，为建设方从源头控制工程质量、工程造价提供了有力的保障；为限额设计提供技术支持；协调了各建设责任主体方的信任关系；保证了建筑主材供应的顺畅；降低建设工程成本；是一种建设工程各建设主体欢迎的服务模式。

参考文献

[1] 陈运春."主要材料价格限价"对土地整治项目造价影响研究［A］.云南农业大学水利水电与建筑学院，2013.
[2] 刘彦.关于引入电商模式优化传统供应链管理的探讨［A］.移动通信，2014.
[3] 陈序.建筑策划：理论及其运作模式初探［D］.昆明理工大学，008.
[4] 张琼.用蓝海战略探索第三方建材 B2B 电子商务网站的有效发展路径［D］.西南财经大学，2008.

暂估价专项研究[①]

建筑市场中，设计单位和造价咨询单位相互独立，设计人员不懂设计、设计人员不懂造价，各责任主体之间信息不能共享，因此，建设方在组织编最高投标限价的过程中会对主材、设备及专业工程实行暂估价，暂估价及认质认价贯穿于施工招标、施工合同签订、施工和竣工结算过程中，会对工程项目的建设全过程产生重要影响。目前，由于对于暂估价内容和比例的设定没有形成统一的规范和标准，且在招标文件和施工合同中未清楚全面的规定其计价条款，设置过多暂估价会在项目施工及竣工决算的过程造成甲乙双发产生大量的纠纷和矛盾。

因此，全面系统的分析暂估价对工程建设的影响，并提出如何合理规范暂估价，减少过程中的认质认价，对于降低社会资源的浪费、推动建筑业健康有序的发展具有重大意义。

针对现行体制下设计与造价相互分离的现象，我们提出了"设计·造价一体化"的服务模式，即在设计阶段造价工程与设计师相互配合，完成附带最高投标限价的施工图，采用图价会审、主材顾问、深化设计等技术手段使"项目定义"更加完整、准确、清晰，能有效减少暂估价的设置。"设计·造价一体化"模式的核心竞争力：设计优化、深化设计、联合优化、主材顾问、合约管理和 BIM 应用，本文结合案例，主要分析了图价会审、主材顾问如何合理减少和规范暂估价。

1 暂估价应用现状

1.1 暂估价概念

暂估价最早出现于国家发展改革委等九部委发布的《中华人民共和国标准施工招标文件（2007 年版）》（56 号令）的施工通用条款中，2008 年 12 月 1 日起实施的国家标准《建设工程工程量清单计价规范》（GB 50500-2008）中也增加了关于暂估价的相关规定，其中第 2.0.7 条规定："暂估价指招标人在工程量清单中提供的用于支付必然发生但暂时不能确定价格的材料单价以及专业工程的金额。"

---

① 李优平，马林，拓娟，张伟写于 2014 年 10 月，选自筑信筑衡公司内部研究成果《设计-造价一体化研究》一书。

2013 年 7 月 1 日起实施的《2013 版建设工程施工合同（示范文本）》（GF-2013-0201）增加了暂估价的规定内容，其第 10.7 款规定：暂估价指发包人在工程量清单或预算书中提供的用于支付必然发生但暂时不能确定价格的专业分包工程、服务、材料和工程设备工作的金额。新版的施工合同中明确了暂估价的招标方式和程序。

1.2　暂估价存在的原因

在现有的建筑市场条件下，暂估价存在的具体原因如下：

（1）施工图纸中未定义清楚材料、设备的性能和型号，在计算最高投标限价的时候不能明确其价格；（2）工艺难度大或专业工程，由于设计深度不够，需要由专业的设计人员进行二次设计，无法确定该工程的造价；（3）同等品牌、同一规格和型号的材料和设备，在市场上价格相差较大，无法及时准确的确定其市场价，如，地面瓷砖等；（4）前期由于时间紧迫，建设方对建筑定位不明确，或者对材料、设备档次及价格不了解，未能确定材料的选用；（5）材料价格受市场供需变化影响大，价格波动大。如钢材等；（6）新型材料和设备，市场上尚无准确的价格定位。

综上所述，暂估价的存在原因主要归结为以下四个方面：一是设计图纸的不完善；二是材料市场信息的混乱；三是建设方自身的决策；四是必须采取暂估价的形式。

1.3　暂估价设置不合理对工程建设的影响

随着建设工程工程量清单计价方式的日益推广，暂估价项目的设置能够解决在工程招投标初期易出现的一些问题诸如专业分包工程设计深度不到位、部分"四新工程"缺少计价依据与市场信息、部分建筑材料品质及价格档次暂时无法确定等，从而能够缩短招投标周期，减低招投标难度，甚至能在某种程度上转嫁部分风险。暂估价的设置虽然在招投标阶段使得一些难题迎刃而解，但是相关管理的缺失却使得其在随后的工程建设与工程结算中埋下了诸多隐患，也成为部分造价纠纷的源头之一。

暂估价存在不合理的弊端：

（1）影响最高投标限价的有效性及造价的可控性。暂估价的设置过多，所占工程总造价的比例过大，造成招投标中投标报价的竞争性降低，直接影响了招投标活动的有效性，且暂估价受市场影响较大，最终结算时的工程造价有可能超过前期预算，使最高投标限价失去控制；

（2）增加了管理成本和监督成本。由于这种材料、设备价格（或专业分包工程）"协商、认价"机制，必然促使施工方热衷追求更高的"差价"，双方互相博弈，浪费了大量的精力，加大了甲乙双方尤其是建设方内部的管理和监督成本；

（3）增加社会成本。认质认价是靠双方各自调查市场价格然后"协商"确定的，致使建设方和施工方耗费大量的精力和时间，增加沟通成本，工程管理链条加长，工期推迟，彼此信任缺失，社会成本增加。

（4）结算时易引起纠纷。暂估价的内容界定不清，如专业分包暂估价和材料暂估价相互混杂，或者是业主直接发包的专业工程也列入暂估价中。在工程结算时易使相关的措施费用、总承包管理服务费、规费、税金等的计取引起双方很大的争议。

1.4　案例分析

某民营企业投资项目，总造价为 6034.42 万元，在招标过程中，对项目主要材料均设为暂定价，经统计约 280 项，共计 3158.99 万元，占总造价的 52.3%。对所有暂估价按上述四大原因进行分类，其中由于图纸的原因产生的暂估价约占总造价为 15%；材料市场价和建设方自身决策共同产生的暂估价共计 25%；必须采取暂估价的共计 10%。从此分析中可知招标前期由于建设方对材料信息不了解、没有全面的信息库作为支撑及对建筑使用功能不明确等原因而产生的暂估价所占的比重较大。

合同工期 300 日历天，实际工期 350 日历天，在施工阶段需对 280 项暂估价逐项进行认质认价，其中认质认价的最短历时为 2 个月，最长达 8 个月，施工方为尽早确定认价，保证自己的利润最大化，需配专职人员与建设方进行周旋，平均一个星期与建设方进行沟通一次。其中部分暂估价的认质认价过程拖延造成工期延误，如装饰地砖的认价过程持续半年之久，仍未达成一致，装修队伍无法入场施工，导致建筑面积 26000m² 的现场停工一个月。认价过程中，因双方立场不同，为维护各自的权益，往往争执、扯皮，甚至耍手段、搞关系以达到自己的目的，这样造成了双方不必要的人力和时间的浪费。在最终结算时，依据暂估价材料差价计取原则，最终暂估价项目的结算价为 5462.38 万元，超过最初设定暂估价 2303.39 万元。

2　规范项目中暂估价的设置

经上述分析可知，建筑市场上设计方、造价咨询方以及建设方相互独立，各责任主体之间信息不能共享，致使暂估价的设置过多；且没有完善的法律法规对暂估价的设定内容和计价条款等进行统一的规范，致使其在招标阶段和后期施工过程中对工程造价控制、建设方与施工方的合作关系及社会成本等造成不利影响。鉴于暂估价设置的不合理对工程建设的影响，结合国家相继出台的一些政策法规，在本文中提出了图价会审和主材顾问两项措施来减少和规范暂估价的设定，经过对比研究，两项措施可以有效减少并且规范暂估价的设置。下面从大的政策环境及三大措施如何在"项目定义"阶段就将暂估价的设置规范化进行探讨。

2.1　政策支持

《住房城乡建设部关于进一步推进工程造价管理改革的指导意见》（住建标（2014）142 号文件）中指出："推行工程全过程造价咨询服务，更加注重工程项目前期和设计的造价确定""明晰政府与市场的服务边界，明确政府提供的工程造价信息服务清单，鼓励社会力量开展工程造价信息服务，探索政府购买服务，构建多元化的工程造价信息服务方式。"表明国家旨在通过管理改革及工程造价信息服务改革，实现工程计价的公平、公正、科学合理，为提高工程投资效益，规范市场行为奠定基础。

2013 版施工合同将暂估价项目具体分为依法必须招标的暂估价项目和不属于依法必须招标的暂估价项目。对于依法必须招标的暂估价项目，可以采取两种招标方式确定中标人。其一，由总承包方组织招标，并按规定的程序将招标方案、招标文件、控制价报发包人审批，发包人与承包人共同确定中标人，由总承包方和中标人签订合同；其二，由发包人和承包人共同组织招标，承包人与发包人应按照规定的程序组织招标确定中标人后，由发包人、承包人与中标人共同签订暂估价合同。对于不属于依法必须招标的暂估价项目，除以上两种方案外，还可以由承包人直接实施暂估价项目。承包人具备实施暂估价项目的资格和条件的，经发包人和承包人协商一致后，可由承包人自行实施暂估价项目，合同当事人可以在专用合同条款中约定具体事项[2]。

2013 版施工合同关于暂估价项目的严格定位及完善的合同结构体系对暂估价项目设置随意、暂估价设置比重过大的现象起到了一定的抑制作用，但是其规范了暂估价设定之后总承包与分包方之间的对于暂估价的约定，而并未对暂估价在交易阶段设定过程进行约定，只是做到"事后规范"，没有做到"事前约定"，并不能从根本上解决暂估价设定不合理的问题。

在新的经济环境下，建筑业面临全面深化改革，将逐渐由粗放型转向集约型发展模式。为了推动建筑业健康发展和工程造价信息规范化，住建部提出了[142 号]文件，依托于国家政策的支持，我们提出了"设计·造价一体化"的服务模式，本文重点介绍了图价会审和主材顾问，两项措施实现了材料信息透明化、规范化和图纸精细化，在项目"定义阶段"规范暂估价，能够减少腐败的滋生，促进建筑业健康有序发展。

2.2　可计价性校审

可计价性校审是指设计工程师协助造价工程师在设计阶段对图纸的审核，从工程量、计价角度对图纸设计的清晰度、完整度等进行评价和校审，减少了工程量清的错项漏项、缺项少量现象，提高图纸的可计价性，从而减少了由于图纸的原因产生的暂估价。主要表现在以下两个方面：

第一，从图纸的可计价性对图纸进行优化，明确了材料、设备的型号，使设计文件表达清晰、准确、完整，减少了由于传统的施工图设计存在局部不清晰不完整、图纸对有些材料（设备）的型号及性能定义不明确、造价人员对图纸的理解能力不同及对图纸的理解存在误差等问题产生的暂估价。

第二，对需要进行专业设计的工程进行二次深化设计，旨在将工程主要建筑材料及其做法尽可能的描述清楚，降低专业工程暂估价，提高最高投标限价的合理性。以石材幕墙为例：传统施工图一般只会标注该石材的材质、颜色及大致的安装方式（干挂、湿贴等），编制招标文件的时候只能作为暂估价；图纸可计价性深化文件在规定石材材质、颜色及大致的安装方式的同时还要求规定石材的分割大小以及石材具体的安装方式，如干挂石材的干挂形式：背栓式、背挂式等，及龙骨的大小，品牌及型号等详细信息可在招标文件中规定。

2.3 主材顾问

设备、材料的选用和确定是联系设计院和造价咨询方的纽带，也是设计阶段工程造价控制的重点，但设计院指定建筑材料、建筑构配件和设备的供应厂商会限制建设方或施工方在材料采购上的自主权，出现质量问题后容易扯皮，也妨碍了厂商间的公平竞争[8]。为了填补设计院和工程造价之间的真空地带，合理减少暂估价，实现对设计阶段的造价控制，以及避免出现腐败、扯皮和妨碍厂商间的公平竞争等现象的发生，我们需要主材顾问服务平台，帮助建设单位、设计院、造价咨询公司在设计、交易阶段确定主材选用。

主材顾问是指主材顾问工程师利用其掌握主材专业知识，为设计院和业主提供主材技术参数、主材品牌范围、主材上限价以及主材封样、鉴定、大宗采购等服务。通过主材顾问提供大量的材料信息解决材料市场繁杂、设计院和建设方对于材料设备不了解的问题，旨在从源头上减少暂估价；结合招标文件，在文件中合理规范暂估价的认定规则，做到"事前规范"，以此合理规范暂估价的认定。

2.3.1 如何减少暂估价

各省、市地区定额办定期发布材料信息价，但是信息价普遍出现虚高的问题，主材顾问可以给建设方和设计院提供较为准确、全面的材料信息和市场价，通过主材顾问服务模式减少暂估价主要表现在以下几个方面：

第一，方案和初步设计阶段。根据建设单位提供的建筑设计资料，综合前期投入成本及今后营运成本，提供各专业主材设计参数；研究各种可行的主材选用方案，分析各方案的成本及技术优点，并提供选择的意见，达成与业主及各设计参与方对主材选型的共识；提供《主材优选报告》，落实主材设计数据及技术要求，帮助业主及建筑师完成方案和初步设计阶段材料、设备的选定，减少由于建设方原因而设定的暂估价。

第二，施工图设计阶段，主材顾问可配合设计院完成施工图设计，为设计人员提供材料、设备的型号、性能、外观和市场价等，帮助设计院提高图纸可计价度，与设计师共同减少由于图纸原因造成的暂估价。

第三，交易阶段。通过招标确定的现款现货单价上浮 10％左右利润作为主材上限价，提供给造价咨询方，并计入最高投标限价，通过这种方式提供一个准确且通过竞争过的市场价；主材顾问工程师完成主材表，然后与设计师共同协助造价工程师完成各专业招标工程量清单，并提供同种材料、同档次三种以上品牌，供招投标及施工阶段采购用，减少由于材料市场原因设置的暂估价。

2.3.2 如何合理规范无法减少的暂估价

通过图价会审和主材顾问减少了暂估价产生的根本原因，对于必须采用暂估价形式的主材、设备，通过招标文件合理规范其设置的范围和认质认价过程。

第一，要充分发挥招投标过程的竞争优势，合理规范暂估价的内容和比例，结合工程实际，除市场价格波动较大、新材料和新工艺以及造价中所占比重较大的材料采用暂估价的形式，其他应尽量减少暂估价，这既有利于质量与成本控制，又有利于建设项目管理。暂估价占最高投标限价的比例可参考（2011）37号中的《国有投资项目暂估价与工程最高投标限价占比表》（表 1）。

国有投资项目暂估价与工程最高投标限价占比表　　　　　表 1

序号	工程性质	结构形式	占比（％）
一	建筑工程	—	—
1	住 宅	砖混、框剪	0-8
2	办公楼(写字楼)	框剪	0-12
3	教学楼	框剪	0-10
4	多层厂房	框剪	0-5
二	安装	—	0-10
1	管 道	—	0-10
2	电 气	—	0-15
3	空 调	—	0-15
4	智能化(安防)	—	0-15
5	消防工程	—	0-10
三	桩基础	—	0-5

第二，对于材料市场价格波动较大、新材料和新工艺以及造价中所占比重较大等必须应采取暂估价形式的材料，必须在招标文件中规范暂估价的方式、方法、依据及结算处理原则；在招标文件中确定发包双方的权利和义务，明确暂估价材料的采购、管理原则；明确暂估价认质认价的原则和依据；合理确定大宗材料的招标采购的组织形式和程序。

2.4 案例分析

针对第一章中所提到的案例，暂估价共计 3158.99 万元，占总造价的 50%，我们通过图价会审和主材顾问服务两项措施进行了模拟应用研究，减少了暂估价产生的主、客观原因，从而降低暂估价的设置，这部分主材通过主材顾问提供的市场价计入最高投标限价。

由上述分析可知，通过对图价会审对图纸进行优化，假设优化后完全避免了由于图纸问题而产生的暂估价，则可减少暂估价共计 892 万元；通过主材顾问服务除了可以给予足够的材料的信息支持，还可以帮助建设方明确材料的选用，假设建设方可将所有的材料明确，则共可减少由于建设方原因设定的暂估价共计 1574.99 万元。通过两项项措施减少的暂估价共计 2466.99 万元，占总造价的 40%，将减少的这部分暂估价调整为市场价，调整后共计 1819.27 万元；另有 692 万元（占总造价的 10%）钢材因建设周期内市场价格波动过大，且市场价格比较透明，设定为暂估项。将 3158.99 万元的暂估价经过调整后变为 2511.27 万元（市场价 1819.27 万元＋暂估价 692 万元），暂估价减少前后工程造价分析对比表，如表 2 所示。

<table>
<tr><td colspan="7">**暂估价设置对工程造价的影响对比分析表**</td><td>表 2</td></tr>
<tr><td colspan="3">项目名称：＊＊＊项目</td><td colspan="5" align="right">方:万元</td></tr>
<tr><td rowspan="2">序号</td><td colspan="2" rowspan="2">项目名称</td><td>调整前
价款</td><td>调整后
价款</td><td>价差</td><td>价差率</td><td>备注</td></tr>
<tr><td></td><td></td><td></td><td></td><td></td></tr>
<tr><td></td><td colspan="2">一、两种模式工程造价</td><td>—</td><td>—</td><td>—</td><td>—</td><td>—</td></tr>
<tr><td>1</td><td colspan="2">最高投标限价</td><td>—</td><td>6071.86</td><td>5287.98</td><td>—</td><td>—</td></tr>
<tr><td>2</td><td colspan="2">合同价</td><td>6034.42</td><td>5287.98</td><td>—</td><td>—</td><td>—</td></tr>
<tr><td></td><td colspan="2">其中主要材料价</td><td>暂估价</td><td>3158.99</td><td>692(钢材)</td><td>—</td><td>—</td></tr>
<tr><td></td><td colspan="2"></td><td></td><td>—</td><td>—</td><td>—</td><td>—</td></tr>
<tr><td>3</td><td colspan="2">结算价(不考虑后期变更签证)</td><td>—</td><td>5426.69</td><td>5287.98</td><td>138.71</td><td>2.56%</td></tr>
<tr><td rowspan="2">其中主要材料价</td><td colspan="2"></td><td>材料认价</td><td>2597.90
(含钢材)</td><td>692.00
(钢材)</td><td>—</td><td>—</td></tr>
<tr><td colspan="2"></td><td>材料合同价</td><td>2597.90</td><td>2511.27</td><td>—</td><td>—</td></tr>
</table>

序号	项目名称	调整前价款	调整后价款	价差	价差率	备注
	二、调整前后两种模式材料结算价主要差异分析对比	—	—	136.45	—	—
1	调整前暂定价材料认价差额取费(除规费、税金)	—	—	30.86	0.57%	—
2	调整前、后材料价差额	—	—	86.63	1.60%	—
3	调整前、后材料价差额(86.63)取费	—	—	18.96	0.35%	—

注：

    1.其中调整前价款最高投标限价主要材料价格采用 2014 年第 1 期信息价按暂估价计入；

    2.其中调整后价款最高投标限价主要材料价格采用我司"市场询价系统"采价计入；

    3.材料差价 1＝（材料认价－暂估价）×（1＋规费）×（1＋税金）；

    4.为了便于比较项目材料暂估价调整为市场价后的造价情况，假设钢材暂估价的材料认价同暂估价价格。

表 2.2 分析如下：

（1）原造价中，暂估价材料达 280 项，共涉及金额 3158.99 万元，占工程总造价的 52.3%，最终通过认质认价确定的材料结算价共计 2597.90 万元，低于合同价中暂估价 561.09 万元，结算时差价仅计取规费、税金，而已包含在合同中的管理费、利润、措施费均不计取。经测算，此部分费用给建设方带来直接经济损失约 30.86 万元，占工程总造价的 0.57%。

（2）通过上述两项措施减少暂估价的设置，将上述暂估价（3158.99）其中一部分调整为市场价（1819.27），另一部分仍以暂估价计（钢材约 692 万元）。经与调整前对比，暂估价通过认质认价确定的材料结算价（2597.9）高出市场价（2511.27）共计 86.63 万元，计取管理费、利润、措施费、规费、税金费用为 18.96 万元，共涉及造价 105.59 万元，占工程总造价的 1.95%。

综上，本工程在不考虑工程量差异、后期变更、签证等因素，通过两项措施减少材料暂估价后，便可为建设方节约造价 138.71 万元，占工程总造价的 2.56%。

3 结语

综上分析可知，减少不必要暂估价的设置可充分发挥招投标的竞争优势，帮助建设方控制造价，并可为其有效的节约造价；能够减少暂估价的认质认价过程，避免不必要社会资源的浪费；合理规范暂估价的设定可降低建设责任主体之间不必要的纠纷，有利于构筑建设责任主体间相互信任的合作关系。

"设计·造价一体化"服务模式的提出与国家政策相契合，其中图价会审和主材顾问两项措施能有效减少暂估价，规范暂估价设定的内容和比例；可有效规范暂估价认质认价的原则及最终结算依据，减少双方争议，推动建筑市场健康有序的发展。

参考文献

［1］周峰. 暂估价之全视角［J］.《中国招标》，2012 年 16 期.

［2］《建设工程施工合同（示范文本）》（GF-2013-0201）［S］. 北京：中国城市出版社.

［3］纪维纲. 工程设计阶段对工程造价的影响及控制研究［J］.《城市建设理论研究》，2014（4）.

［4］徐鹏. 材料暂估定价方法问题研究［J］.《经济管理者》，2012（9）.

［5］钟明辉. 暂估价招标探讨.《中国招标》，2011（31）.

［6］李红娟. 谈暂估价在工程管理中的应用.《建筑经济》.2012（2）.

［7］住建标［2014］142 号，住房城乡建设部关于进一步推进工程造价管理改革的指导意见［EB］. 北京：住房与城乡建设部，2014.

［8］《建设工程质量管理条例》释义［M］.2013 年.

建筑材料信息价现状与第三方平台专项研究[①]

1 现行建材信息价的现状

1.1 信息价的概念

建设工程建筑材料信息价（以下简称建材信息价），是目前我国各省、市、县的建设工程造价定额管理部门对本区域内的建筑材料市场价格，进行市场调查，综合分析确定并定期向社会发布的建材参考价格。信息价是政府造价主管部门根据各类典型工程材料用量和社会供货量，通过市场调研经过加权平均计算得到的平均价格，属于社会平均价格。

1.2 政府造价定额管理的现状

现阶段我国各省市造价定额站的主要职责有：负责收集、整理、发布工程建设价格要素信息和工程造价指数，建立建设工程造价数据库，为建设方、建筑企业、工程造价咨询企业、相关管理部门等提供计价依据；负责对建设工程造价咨询机构及从业人员的日常管理服务工作；负责调解有关建设工程造价方面的争议和纠纷；指导各市（区）建设工程造价管理机构的业务工作。

以西北某省为例，目前，该省建设工程造价站发布建筑材料价格的方式有网络发布和刊物发布两种形式。以材料价格为例，建筑材料价格信息杂志为双月刊，即两个月发布一次；工程造价信息网每个月更新一次。相较于纸质刊物，网站发布的建材内容较丰富，更新较及时，但由于材料种类繁多，且新材料更新很快，网站仍然不能提供及时有效的材料价格。

1.3 信息价的获得

工程造价管理部门需要采集的价格包括建筑材料价、人工市场价、机械市场价

---

① 刘鑫，刘金凯，王宏武写于 2014 年 10 月，选自筑信筑衡公司内部研究成果《设计 造价一体化研究》一书。

以及造价指数指标等。经调研，目前造价管理部门采集材料价格的对象主要是材料经销商和大型建设方，采集建材价格的方式只有市场调查和电话询价两种方式。

1.4　信息价与市场价的差异

1.4.1　建材价格信息的滞后性

目前，绝大多数造价管理部门刊发建筑材料价多以刊物为主，定期发布。例如，该省建设工程造价总站刊发的造价信息杂志两个月发布一次，单月中旬由市场收集资料，经整理编辑后交印刷厂排版印刷，双月 15 日出版发行，用户得到的最新一期的信息价往往只是两个月前的市场价格，整整滞后两个月。若价格比较平稳，尚能较准确反映当前实际价格，但在价格波动很大时，信息价便失去了参考价值。

例如，该省 2014 年第三季度钢材价格大跌，然而工程造价信息杂志发布的还只是两个月前的价格。以 HRB335Φ16-25 三级螺纹钢为例（图 1），2014 年第四期信息价刊物给出的综合价格为 3370 元/吨，相距其仅 23 公里的另一市发布的价格为 3650 元/吨，而当期市场真实价格为 2900 元/吨。信息价发布的滞后性导致编制的预算价与市场价格严重偏离，给招投标工作和项目实施增加了难度。

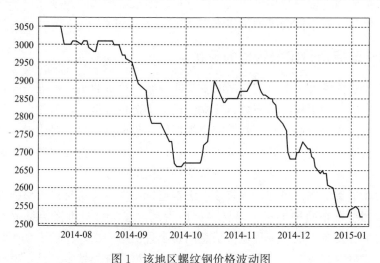

图 1　该地区螺纹钢价格波动图

1.4.2　价格信息失真

据调查，目前造价管理部门发布的建筑材料信息价与市场实际成交价之间存在较大差距。分析其原因，主要为以下几点：

（1）受付款方式，运送距离等多方面影响，材料价格会产生很大差异，造价管理部门发布的信息价往往与最终成交价格不符。

（2）大多数材料供应商出于保护自身利益考虑，向造价管理部门报的价是实际成交价大幅度上浮之后的价格。以某市政工程为例，中标方在投标过程中自主询价得到Ⅲ级钢筋混凝土钢承口管 D3000 的市场价为 4000 元/m，而该省某市信息价为 4741 元/m，省信息价为 9780 元/m，价差率分别达到 18.5％和 145％。

（3）目前，在招标过程中投标方为了中标，往往在合理报价的基础上下浮几个百分点作为最终合同价，这就导致部分不自律的施工方在跟经销商谈材料购销意向时，要求经销商在上报材料信息价时尽可能抬高，以期赚取差额利润。以某项目为例，某品牌防水材料供应商串通设计方人员，在防水材料设计时，引用其防水材料产品编号，同时在当地政府信息价上以高出其他产品一倍的价格连续刊登其产品。建设方委托编制的招标最高限价采用本地政府信息价。投标方经市场调查发现，其图纸设计产品编号对应的市场上仅有此一种防水材料品牌。当期信息价 75 元/m²，但同等材质的防水材料，其他品牌的价格基本介于 33～38 元/m²。由于信息价提供不准确，供应商从中操纵抬高价格，赚取高额利润，给建设方带来不必要的经济损失。

（4）材料经销商和造价管理部门之间没有经济、管理关系，材料经销商没有定期提供价格的义务，造价管理部门也没有合适制约手段和利益刺激手段，因此造成材料经销商在向造价管理部门提供价格时积极性不高，致使价格信息失准。

1.4.3 价格信息发布种类不全

造价管理部门定期公布的价格信息只对市场常见的建筑材料发布信息，但由于安装材料和装饰材料品种繁多，新材料层出不穷，同一种材料质量档次不同，期刊发布版面有限等原因，致使信息价的参考意义大打折扣。就灯饰而言，信息价杂志上只给出了五家经销商的参考价格，这与市面上种类繁多的灯饰品牌相比，显然缺少价格竞争。

2 信息价不准确的弊端

2.1 影响政府投资

根据招投标法规定，对于大型基础设施和国有投资等依法必须招标的建设项目，必须采用工程量清单计价编制投标最高限价，编制最高投标限价时应采用省、市造价管理机构发布的工程造价信息，工程造价信息没有发布的参考市场价。投标方在投标最高限价以内自主报价，一般情况下最接近各投标人报价平均值的 0.95 者，原则上就最有可能中标。但这种依据严重失真的信息价编制的最高投标限价自身的参考价值很低，最终中标价与工程实际成本差别很大，导致政府部门不能有效控制工程造价，浪费社会资源，造成国有资产严重流失。

2.2 影响造价咨询方和审计部门的服务与管理

实际操作中，信息价与市场价的价差很多超过 50％，有的甚至超过 100％，造价咨询机构依据材料信息价编制的最高投标限价可能偏高也可能偏低，不能真实反映工程成本，影响造价咨询方和审计部门进行相关服务和管理。

2.3 造成暂估价过多、加大认质认价难度

暂估价指发包人在工程量清单或预算书中提供的用于支付必然发生但暂时不能确定价格的专业分包工程、服务、材料和工程设备工作的金额。形成暂估价的原因多种多样，但是很重要的一点是由于信息价的不准确导致的。同等品牌、同一规格和型号的材料和设备，在市场上价格相差较大，造价部门发布的信息价无法及时准确地反映其真实市场价格；材料价格受市场供需变化影响大，价格波动大，信息价过于滞后，不能满足参考要求；新型材料和设备，市场上尚无准确的价格定位。因此，建设方不得不采用暂估价，但是暂估价也引起了很多问题。

（1）建设方

建设方在招标时对不能确定价格的建筑材料采用暂估价记取，即暂定一个材料价格，待施工过程中，由施工方报建设方确认。首先，这种认质认价的过程费时费力，需要建设方组织专门部门人员进行认质认价。其次，由于这种协商定价的方式，缺乏竞价条件。在这种认质认价过程中必然会滋生出普遍的腐败现象和形形色色的违法交易行为，某些不自律的施工方为求得对建设项目的材料价格控制而拉拢、收买建设方的工程管理人员，损害国家机关和国有企业的公务廉政形象，同时也败坏了社会风气。

（2）施工方

投标方在投标过程中对于图纸和工程量清单中的明显错误的有意将价格报低，以期在施工过程中通过设计变更、签证等方式向甲方再次进行认质认价，从而赚取差额利润。这种不平衡报价的投标技巧，建设方心知肚明却无力改变，在后期的认质认价过程中有些被动，而这些问题的产生正是因为信息价的不准确。

但这种追求价差获取利润的认质认价过程对施工方而言也是一把双刃剑，因为这种认质认价也浪费了施工方大量的精力，经常造成施工方停工待料，增加了管理和监督成本。某大型医院最高投标限价编制采用政府信息价，将其中人防门按当地信息价计入。在施工期间发现此价格低于市场价近30%，以此价格无法采购到质量合格的产品，故不认价拒绝进货。甲方则以"投标方自主报价，量价风险分离，投标方承担价的风险"的原则拒绝予以补偿。双方推诿扯皮月余，导致工期延误，建设方和施工方双方沟通成本增加，彼此信任缺失，社会成本增加。

3 信息价的发展方向与展望

从以上的调查和分析中可以看出，现有的建材信息价是综合了建材市场多种

因素，带有宏观调控性质而公布的一种价格，其实时性相对较差，相较于市场价会出现严重的滞后性、不全面性、价格失真。在实际应用中对建设行业各方责任主体均造成很大困扰：造价咨询机构依据材料信息价编制的最高投标限价可能偏高也可能偏低，不能真实反映工程造价，不利于建设方的投资控制；对于明显的不合理信息价，建设方与施工方多通过采用暂估价的方式进行解决，而暂估价过多为双方日后扯皮埋下隐患。其次，在信息价不合理的情况下，建设方与施工方各自为寻求建材价的准确数据需要投入大量的人力和财力。

如果能获得及时、准确的建材价格对建设方投资控制益处良多，在这一点上我国目前的几大开发商做得相对成熟，以某房地产开发项目为例，由于开发商积累了大量的建材价格数据，掌握了较为准确的市场价格信息，因此依据此市场价编制的最高投标限价较为合理，并且限定了施工方采购建筑材料的范围，与施工方签订的合同价为 70610782.48 元，材料认质认价只有地材一项，为 62118.80 元，工程结算价格为 70726309.45 元，材料认质认价占工程结算价的 0.088%，可忽略不计。最终，建设方控制单方造价 1296.44 元/m²，而同期市场平均价格为 1900 元/m²，节省造价 3000 多万。显而易见，应用及时、准确的建材价格是该项目成本控制成功的重要因素之一。

基于我国目前建材信息价发布现状，认为建立第三方主材信息发布平台供政府采购和建筑行业各责任主体采用应是建材信息价发展的方向，该信息平台（主材顾问）可是针对某省、市专门设置的，以市场为导向定期更新主材信息价。

3.1 第三方信息发布平台

3.1.1 健全的信息采集机制

发挥第三方中立、客观优势，改变现有建材信息价采集方法，采取公开征集、择优入库、价格优惠、服务至上、定期评价、优胜劣汰方针，实行自愿及择优的原则，建立一个包含厂家、经销商、施工方、建设方一体的信息采集组织，整合建筑全产业链各责任主体资源，这样即可保证采集到的价格信息更为准确、真实。

3.1.2 完善的信息审核机制

（1）第三方主材顾问方建立专业品牌库并与材料供应商签订合同，规范双方行为。根据各类材料设备申报情况，确定参考品牌库的材料设备类别，综合考虑品牌知名度、产品质量、质保体系、售后服务等情况，择优入库。审核细则原则上要量化打分，由基本分和附加分（含考察分）组成，必要时采取投票等方式确定最终的入库品牌。

（2）凡是要进入此信息平台（数据库）的厂家、经销商需提交有效资质，供采购方查看、验证；建立淘汰机制，将成交额过低、用户评价过低、纠纷率过高的材料商淘汰出局，从而保证建材价格信息的准确性。原则上进入此平台的供应商应具备以下基本条件：①合法经营、具有良好的信誉；②品牌具有较高的知名度；③具有健全的质量保证体系；④具有先进、必要的生产设备。

3.1.3 严苛的淘汰机制

（1）施行过程中如发现同档品牌的知名度、产品品质、价格等存在较大差异的情况，及时调整品牌的档次。

（2）对于出现品牌持有人发生变更的，出现产品质量问题的，有坐地起价行为的，弄虚作假、以次充好的，与项目承包人签订阴阳合同或向其相关人员支付回扣，或采取其他不正当竞争手段经营的，被抽中的拟用品牌无合理理由拒绝供货的，有两个及以上项目的评价为不合格的这些情况的品牌厂商应予以剔除。

3.1.4 线上线下结合的展示方式

此信息平台是包括大量开发商、国投建设方、施工方和设计院的买方市场与大量材料厂商、供货商在内的综合信息平台，此平台包括本地区各类、各种产品的前十名厂家，且通过前面所讲的审查和淘汰机制保证平台价格比买家自行采购的低 20％～30％，且此平台提供免费代理招标、免费封样、免费鉴定、免费合同鉴定等增值服务，构建起一个多方共享的垂直电商平台。

3.1.5 为各责任主体的服务内容

第三方信息平台是按照一定规律将各种主材进行分类，原则上可分为土建和安装两大类，此两大类下又可分为四级分级，以安装类为例，可分为给排水、暖通和电气三个一级分类，各专业下又可按系统或专业分为若干二级分类，二级分类下就可以按照材料设备等分为三级分类，每一个三级分类为建设方提供该地区销售额前十名的厂家或供货商名单。

本文提出的第三方信息平台在实际应用中可以从设计、交易阶段就开始进行造价控制，也是对项目进行前期定义的必要手段。此价格可以和传统设计结合，形成"带价设计"产品，也可以由专门的设计咨询公司开展"图价一体"服务。

3.2 国家政策导向

2014 年 9 月住建部发布的 142 号文件《住房城乡建设部关于进一步推进工程造价管理改革的指导意见》指出，到 2020 年，国家要健全市场决定工程造价机制，建立与市场经济相适应的工程造价管理体系。完成国家工程造价数据库建设，构建多元化工程造价信息服务方式。大力培育造价咨询市场，鼓励社会力量开展工程造价信息服务，探索政府购买服务，构建多元化的工程造价信息服务方式。

其次，财政部、民政部、国家工商总局也联合对外公布了最新制定的《政府购买服务管理办法（暂行）》，指出政府购买服务是通过发挥市场机制作用，把政府直接提供的一部分公共服务事项以及政府履职所需服务事项，按照一定的方式和程序，交由具备条件的社会力量和事业方承担，并由政府根据合同约定向其支付费用。

因此，由第三方建立一个新型信息价平台（数据库）是符合党的十八大、十八届三中全会精神，是符合改革发展时代要求的。

4 结语

随着我国市场经济的全面推行，改革进入深水区，建筑材料信息价发布作为工程造价管理的重要一环，其改革也势在必行。响应政府号召，第三方主材信息价平台的建立势必会扭转目前建筑市场混乱的局面，动态的材料价格管理一定会更好地为广大用户服务，从而在合理控制工程造价，加快经济建设中发挥更大作用。

参考文献

[1] 常明革、贾大为. 准确制定建材信息价的重要性［J］. 经济关注.

[2] 蔡林申. 建设工程材料信息价的发布现状与对策建议［J］. 施工技术. 2008.6.

[3] 张秀伟. 材料价格信息管理对工程造价影响的探析—以某高职学院基建项目为例［J］. 漳州职业技术学院学报. 2010.

[4] 岳玲. 建筑工程材料价格信息管理存在的问题及对策［J］. 淮南职业技术学院学报. 2014.2.

[5] 陈华辉. 工程造价信息网建设的现状调查与研究［J］.

[6] 王苏军. 建筑材料信息价发布的改革探讨［J］. 甘肃科技. 2009.10.

[7] 胡坤. 浅谈建材信息价格制定［J］. 管理科学.

[8] 建设项目投资估算编审规程［S］. 北京：中国计划出版社.

[9] 建设项目全过程造价咨询规程［S］. 北京：中国计划出版社.

[10] 建设项目设计概算编审规程［S］. 北京：中国计划出版社.

施工临建设计专项研究[①]

　　施工临建设计，在美国通常是建筑师为业主项目提供的一项服务内容，它有诸多好处，如可以早日利用闲置的施工场地搭建好施工临建和设施，方便业主、咨询、监理单位提前进驻现场，开展项目前期工作，缩短建设周期。

　　"建设方提前建设临建，施工方拎包入住进场"，是北京筑信筑衡工程设计顾问有限公司根据我国国情，研究、提出的建筑业创新举措。同时，筑信筑衡可向建设业主提供施工临建设计及营造服务。以下是《建造师》的专访和介绍。

　　建造师：可能有些人对施工临建的概念不是太清楚，请先介绍一下什么是施工临建和施工临建设计？

　　筑信筑衡：施工临建是指施工工地现场的临时建筑物，是辅助工程项目施工的临时性办公、生活、仓储、生产等临时建筑物。在房建、市政、公路、铁路等建设领域的施工项目都会有施工临建。传统上，施工临建一般是施工总承包单位中标进场后才进行临建设计，并经监理、建设方批复后，由施工总承包据此临建设计进行施工而完成的。施工临建的使用者，包括建设方、监理、施工总包、施工分包等各相关方的管理人员和工人。目前的施工临建通常为活动板房或集装箱式组合房。

　　施工临建设计：指由经验丰富的注册建造师主持，根据建设方及施工现场的一般需要，按照国家施工临建设计规范和政府文明施工和绿色环保工地的有关规范性文件，在专业的施工动线分析基础上，合理安排建设方和监理方办公用房，施工方办公、生活、仓储、加工用房等建筑而完成的设计。

　　建造师：正如贵方刚才所讲，在我国，施工临建一般是在施工单位进场后自行设计建造的，贵方提出的临建建设"微创新"理念，为什么要在施工招标以前由建设方先行组织建设？这样做有什么好处？

　　筑信筑衡：在美国，施工临建设计通常是由建筑师随设计图纸同步完成，并由建筑师代表业主向政府有关部门申请施工临建的建设手续。筑信筑衡经长期实践和研究，在我国率先提出"建设方提前建设临建，施工方拎包入住进场"的全新理念，是对工程建设管理流程的一次"微创新"。它对建设方有以下几大好处：

---

　　① 陈武、李优平、李斌写于2014年10月，选自筑信筑衡公司内部研究成果《设计-造价一体化研究》一书。

1.建设方在建筑平面规划及报批设计方案确定之后，即委托进行施工临建设计，并利用施工招标前闲置"晒太阳"的建设用地，提前组织建设临建，并入驻临建展开办公，如此，可极大地方便建设方开展开工前的各项前期准备工作。有的，还可节约建设方在附近租用办公用房的费用。

2.施工总包方中标后可直接"拎包入住"现场临建，组织施工。传统上，施工方设计建设施工临建一般需两个月左右，因此，可使开工时间提前约45天，且可降低施工方的施工准备成本约40万元，施工方可让利于业主。

3.施工总包进场前，土方、支护、桩基、检测、监理、设计等单位也可以使用本临建开展工作。

4.有利于树立项目业主以人为本，专业高效的良好形象。另外，通常认为临建搭好意味着项目已正式开工。如采用这种施工组织方法，会给项目树立更好的"形象进度"。

建造师：筑信筑衡提供的临建设计，选址和功能设计会不会不能较好地满足未来的施工总包方的需求呢？施工临建为什么需要委托进行专业设计呢？

筑信筑衡：不会。筑信筑衡基于集团母公司近二十年的施工管理经验，积累了丰富的临建设计和建设经验，并与有关行业协会合作编制了《施工现场临时建筑物设计规范》。我们有大量的施工临建设计经验，我们设计的临建一定会很好地满足建设方、监理和未来招标确定的施工总承包企业项目部的相关要求。同时，鉴于施工临建设计的诸多特性，建设单位和传统的设计企业通常难以完成这种设计，建议委托专业机构完成。

建造师：施工临建通常由施工方建设，如采用这种施工组织方法，是否会加大建设方的成本？

筑信筑衡：按照目前的工程招投标计价规则，施工方投标报价时须包含临时设施费，临设费通常约占工程总造价的2.5%左右。采用这种施工组织方法，只是临建费用的提前支出，不会加大建设方的建设成本。通常，建设方可以将提前搭建的临建工程"转让"给施工方。也可留做自用，但须扣除部分临设费。

建造师：施工临建设计、施工所依据的标准是什么？

筑信筑衡：依据国家行业标准《施工现场临时建筑物技术规范》（JGJ/T 188—2009），《建筑施工现场环境与卫生标准》（JGJ 146—2013），《施工现场临时用电安全技术规范》（JGJ 46—2005），《建筑工程绿色施工评价标准》（GB/T 50640—2010）等行业标准，及各省市建设、市容、环保、卫生、城管、食品等行政部门颁布的有关施工现场临建管理的规范性文件，还有我们与清华大学联合研发的企业标准《施工现场临时建筑物设计规范》。

建造师：建设方委托施工临建设计，需提供哪些资料，或还需做哪些工作？

筑信筑衡：建设方只需通过网络提供以下资料即可：临建设计委托书，总平面规划图，设计方案，建设基地现状照片、视频，施工标段划分安排，建设方对施工临建设计的其他要求等。除此外，建设方相关人员须和我公司设计人员进行必要的沟通。通常，我方设计人员不必赴临建现场踏勘，但若确有必要时，建设方需报销交通食宿费，并支付报酬。

建造师：贵公司的临建设计有什么特点？

筑信筑衡：筑信筑衡临建设计本着一切为建设方着想、为施工方着想，以人为本，并遵循以下三原则：

1. 规划原则：施工临建办公区、生活区与生产区等现场各区域相对分开，施工现场内部交通便捷，方便建筑材料、施工机械内部转运及对外运输，方便各项目干系方之间的联系，方便施工现场各方人员对外联络。

2. 设计原则：够用、偏紧、功能、节约。

3. 材料选用原则：经济、实用、工具式、可周转。

建造师：筑信筑衡为什么要免费施工临建设计？

筑信筑衡：为了让更多的建设方分享、体验我们的"微创新"成果，我们承诺提供免费临建设计。如建设方愿意商谈、采购我们的临建施工集成服务，我们将非常乐意。如建设方另行组织施工，我们无异议，并可继续免费提供设计咨询。

建造师：施工临建设计文件包括哪些成果？

筑信筑衡：设计方案；施工图，包括建筑、结构、给排水、电气等专业（约50张A3图）；施工图附带的施工最高投标限价。

建造师：贵公司临建设计为什么要提供最高投标限价？

筑信筑衡：施工图附带最高投标限价，是我公司一贯做法。这样便于建设方大体掌握临建工程施工费用，还有利于建设方快速组织临建工程的施工招标。

建造师：筑信筑衡临建施工集成有什么特色？

筑信筑衡：首先，我们拥有自己企业的临建工程施工集成质量标准，施工人员专业化，因此质量更容易保证。另外，我们的临建施工是集成化的，即除承包土建、活动房、安装工程施工外，我们还可提供炊具、洁具、货架、临时化粪池，甚至架子床等集成化服务。而且，筑信筑衡临建施工集成的施工速度快，综合成本较低。

建造师：能否介绍一下一个具体的施工临建案例？

筑信筑衡：好，介绍最近一个的某科技产业园项目施工临建设计案例。

该产业园项目净占地150余亩，总建筑面积约15万平方米，分两期建设，一期约5万平方米，主要包括两栋厂房。为了项目早日开工，方便建设方现场办公，项目筹建处决定，提前组织施工临建的设计和施工。受其委托，我公司承担该施工临建工程的设计任务。

该临建工程设计范围包括建设方、监理方办公用房，施工方办公、生活、仓储用房等临建区的建（构）筑物，含房屋建筑、室外总体及水电暖设施，最高投标限价约 150 万元。

成果：由于施工临建先提前建成，建设方、监理方提前九个月进驻现场办公，组织项目前期准备工作，使项目正式开工时间提前了约 60 天。节约外租办公室费用约 30 万元，施工总承包方直接拎包入住，节约施工准备成本约 30 万元。

建造师：通过今天的访谈，我们基本了解了什么是施工临建设计，以及建设方提前建设临建的好处。我们也看得出来，这是筑信筑衡基于丰富的实践经验和创新研究，挖掘了开工前闲置存量土地的潜在价值。看来，这的确算得上一种工程建设行业的产品创新和机制创新，的确可为建设方节省不少费用，显著缩短项目建设周期，我们非常希望能够在建设行业予以推广。我们相信，这种创新将产生显著的经济效益和社会效益，也希望筑信筑衡能够为广大建设方带来更多的价值。

这次访谈很有意义，感谢筑信筑衡公司的"微创新"。今后希望看到筑信筑衡更多的创新研究成果，访谈到此结束。

图1 ××科技产业园施工临建工程鸟瞰图

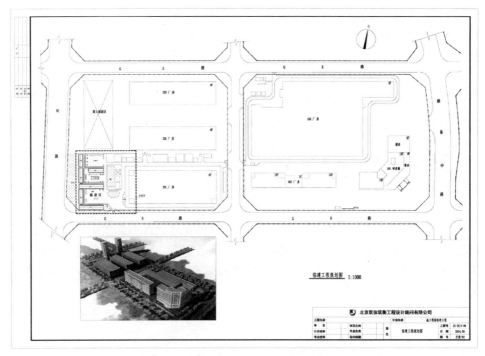

图 2　××项目临建工程规划图

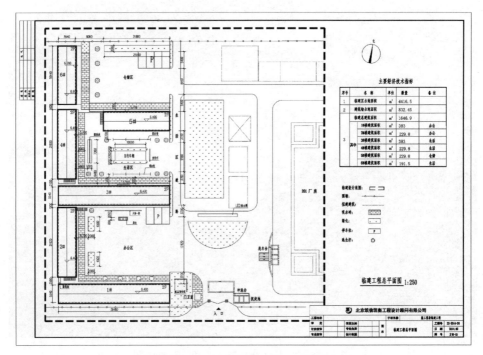

图 3　××项目临建工程总平面图

某房地产住宅项目全过程工程咨询案例[①]

1 工程背景

（1）工程概况

1）本项目为某市经适房小区住宅楼工程，地上 11 层（顶层带复式），无地下室，共 7 栋楼，建筑面积 57763m²，一层为商铺，层高 3.6m，2～11 层为住宅，层高 2.9m，檐口高度 35.6m，工程为钢筋混凝土剪力墙结构。

2）本项目为某大型地产商试点其"一条龙"式全过程工程项目管理技术的试点项目，项目管理研究服务单位为本开发商的内部管理部门，服务内容包括项目可行性研究、设计方案、施工图设计及深化、全程招投标、全程造价管控、工程监理、竣工验收。

（2）工程范围、工程内容及装修标准

工程范围：散水以内土建、装饰、给排水及供暖、强电、弱电、消防、预埋套管、电梯等图纸范围内所有内容。

工程内容及装修标准：地基采用 2：8 灰土挤密桩，基础为钢筋混凝土带形

① 拓娟，杜友洵，王宏武，杨州写于 2014 年 10 月，选自筑信筑衡公司内部研究成果《设计-造价一体化研究》。

基础，主体为全现浇结构。混凝土：±0.00 以下基础、柱、梁、墙、板均为 C30 商品混凝土，±0.00 以上为 C25 商品混凝土；砌体：±0.00 以下为标砖，M10 水泥砂浆砌筑；±0.00 以上为 200 厚 MU5 烧结空心砖，M5 混合砂浆砌筑；屋面为瓦屋面；公共部分、户内客厅、厨房、卫生间、阳台地面均为陶瓷地砖，卧室为木地板，电井、风井均为水泥砂浆楼地面；厨房、卫生间、阳台墙面为釉面砖，顶棚为埃特板吊顶，其余墙面均为乳胶漆墙面；门窗为塑钢门窗（80 系列）；外墙为 8 厚聚合物水泥砂浆贴外墙面砖；飘窗窗台石材，厨卫间、阳台洁具、灯具、橱柜、吊柜、浴帘浴杆、晾衣架等均安装到位。

2 交易阶段

全过程项目管理单位依据施工设计文件和相关依据，通过招标方式确定中标人，并签订合同，这个过程称之为交易阶段。交易阶段的主要工作内容：①招标文件及合同的编制；②工程量清单与最高投标限价编制；③投标报价的评审；④合同价款确定。

（1）图材量价一体化复合会审

招标前，全过程项目管理单位组织专业造价人员就施工设计图中设计错误及图纸表达不清晰、不完善之处提出修改意见，要求设计单位修改、完善，提高了图纸的可计价性。

（2）招标、评标、定标办法

本工程遵循"先定义、再资审、最低价中标"原则进行招标。

（3）招标文件（含合同主要条款）主要条款

1）明确主要材料、设备规格型号、厂家/品牌。本工程招标文件中不仅明确了施工范围、工程内容、付款方式、变更、签证计价及结算原则。并在招标文件中限定主要材料、设备规格型号、厂家/品牌，对影响造价的装饰材料，如木地板、地砖、内外墙瓷片等，甲方不仅限定了品牌，同时指定供应商及价格，乙方需到甲方指定的供应商进行采购。

2）主要材料、设备实行"包死价"。投标报价时，对于甲方限定品牌/厂家、价格的材料、设备，乙方必须按甲方给定的价格进行报价，可计取采保费，如实际采购过程中，此类价格高于甲方指定价格，甲方负责协调或进行单价调整；甲方未限定价格的材料、设备，乙方需按指定品牌进行自主报价，乙方承担施工期间材料涨价等一切风险，施工过程中乙方不得以任何理由要求调整，即"包死价"。具体见表1：

***项目主要材料价格一览表 表1

序号	材料名称	规格型号	单位	厂家/品牌	单价(元)	备注
1	螺纹钢筋（综合）		t	首钢、酒钢、八一钢厂、鞍钢	自主报价	
2	圆钢筋(综合)		t	首钢、酒钢、八一钢厂、鞍钢	自主报价	
3	水泥	P·O32.5R	kg	秦岭、冀东、尧柏、雁塔	自主报价	

序号	材料名称	规格型号	单位	厂家/品牌	单价(元)	备注
4	水泥	P·O42.5R	kg	秦岭、冀东、尧柏、雁塔	自主报价	
5	塑钢门窗(中空玻璃)	5+6+5	M2	高科、华塑(80系列)	自主报价	单片玻璃大于 $1.4m^2$ 时采用钢化玻璃
6	塑钢门窗	5mm	M2	高科、华塑(80系列)	自主报价	单片玻璃大于 $1.4m^2$ 时采用钢化玻璃
7	地砖(抛光砖)	600×600	M2	广东蒙娜丽莎陶瓷有限公司	45	甲方指定价格、品牌
8	地砖	300×300	M2	南海和美陶瓷有限公司	24	甲方指定价格、品牌
9	内墙面砖	300×450	M2	南海和美陶瓷有限公司	33	甲方指定价格、品牌
10	外墙面砖	45×195 45×95	M2	佛山市石湾东龙陶瓷公司	33	甲方指定价格、品牌
11	防盗门		樘	湖北永和安门业有限公司	1170	甲方指定价格、品牌
12	装饰木门		樘	湖北永和安门业有限公司	745	甲方指定价格、品牌
13	木地板		M2	亚马逊	85	甲方指定价格、品牌
14	坐便		套	惠达	480	甲方指定价格、品牌

3）招标清单工程量包死。全过程项目管理单位代表投标人依据施工图纸对招标人提供的工程量清单进行核对，如招标人提供的工程量清单中存在错项、漏项、少量的情况，投标人应予以提出，由招标人统一进行修改，投标人以最终确认的工程量清单进行报价，一旦投标人中标并签订合同，此清单工程量将作为施工图纸范围内所有项目的最终结算量（变更、签证另行计算），即实行施工图纸范围内"清单工程量包死"。

交易阶段，如投标人未对工程量清单提出异议，中标后不得以任何理由要求调整。

（4）评标、定标、签订施工合同

依据招标文件要求，采用"最低中标价法"，由评审委员会对投标人的投标文件进行评比、打分、排名，并向招标人推荐中标候选人，招标人依据评标委员会推荐的候选人中确定中标人，并签订施工合同。

3　施工阶段

施工过程中，全过程项目管理单位依据本工程优化后施工图纸、施工合同、已标价工程量清单及相关计价文件约定，要求施工单位严格按图施工，避免施工工程中的变更、签证办理，减少索赔事宜发生，有效控制了工程造价，主要通过以下几个方面进行控制。

（1）严格按优化后施工图纸进行施工，避免了施工过程中的变更、签证办理。

（2）严格按照合同约定的材料、设备规格型号、品牌/厂家进行采购、施工，不更换材料品牌、厂家，杜绝索赔事件发生。

（3）严格执行合同，对图纸范围内未变更项目，拒绝工程量调整。

4　竣工结算阶段

（1）工程信息汇总（表2）

＊＊＊工程信息汇总 表2

工程名称	＊＊＊工程	建设地点	市区	招标时间	2006.8	建筑高度	35.8m
结构类型	剪力墙结构	建筑面积	57763m²	层　高	2.9m	层　数	11
合同价	7381.87 万元	单方造价	1361.26	结算价	7863.07 万元	承包方式	总承包
建设单位	＊＊＊		施工单位		＊＊＊		
工程内容	土建（散水范围以内）、装饰、室内给排水（含建筑物至市政第一个管井之间的管道）、消防、通风、电气、供暖、弱电预埋套管电梯等图纸范围内所有内容						

单项工程内容及施工标准

建筑工程	地基	DDC2：8 灰土挤密桩
	基础	钢筋混凝土带形基础，C30 商混凝土，泵送
	暗梁	±0.00 以下 C30，其余为 C25 商混凝土，泵送
	暗柱	±0.00 以下 C30，其余为 C25 商混凝土，泵送
	构造柱	C25 商混凝土，泵送
	墙体	基础、±0.00 以下为标砖，M10 水泥砂浆砌筑；±0.00 以上均为 M5 混合砂浆，200 厚 MU5 烧结空心砖；剪力墙：±0.00 以下C30，其余为 C25 商品混凝土，泵送
	楼板	±0.00 以下 C30，其余均为 C25 商品混凝土，泵送
	模板	木模
	钢筋、连接	钢筋综合单价包括：钢筋焊接、机械连接等接头费用
	屋面	40 厚挤塑泡沫板保温，1：6 水泥砂浆找平，3.0 厚改性沥青防水卷材，1：3 水泥砂浆卧瓦
	防水	厨房、卫生间、洗衣房 2.0 厚聚氨酯防水涂膜
装饰工程	地面	电井、风井均为水泥砂浆楼地面，公共部分、户内客厅、厨房、卫生间、阳台等均为陶瓷地砖（除卧室为木地板）
	天棚	10mm 混合砂浆抹灰，乳胶漆两遍。厨房、卫生间、阳台为埃特板吊顶
	门窗	管井木质防火门，单元门为铝合金钢化玻璃门，进户门为防盗门，室内为成品木门含执手锁，塑钢窗附纱
	内墙面	公共部分为 16mm 水泥砂浆抹灰，乳胶漆两遍；户内 18mm 水泥砂浆抹灰，乳胶漆三遍；厨房、阳台、生间均为釉面砖
	外墙面	40 厚挤塑板保温，8 厚聚合物水泥砂浆贴外墙面砖
	其他	厨卫间、阳台洁具、灯具、橱柜、吊柜、浴帘浴杆、晾衣架及飘窗窗台石材等安装到位
安装工程	给排水	给水主立管采用钢塑复合管螺纹连接，户内支管采用 PPR 管热熔连接；排水、雨水采用 UPVC 管，承插连接；含卫生洁具
	采暖	采用公共立管分户独立式系统，主管道采用镀锌钢管，室内采用铝塑复合管，钢制翅片散热器，含热量表安装及主材
	电气	电力电缆桥架敷设，钢管暗配，室内为 PVC 暗配，含箱体安装及主材、灯具、开关，户内楼宇可视对讲、弱电只含配管

（2）竣工结算经济指标（表3）

＊＊＊工程经济指标 表3

序号	专业 项目	土建工程（元）	电气工程（元）	采暖工程（元）	给排水工程（元）	合计（元）	备注
一	合同价	63110320.35	4373344.29	3139102.59	3195955.25	73818722.48	
二	变更、签证等						
	变更、签证	4811940				4811940	
	合计	67922260.35	4373344.29	3139102.59	3195955.25	78630662.48	
三	各专业造价（建筑面积57763m²，单位:元/m²)						
1	单方造价指标	1175.88	75.71	54.34	55.33	1361.26	
2	专业工程指标	86.38%	5.56%	3.99%	4.06%		

5 竣工结算与同期、同类工程的分析、比较

（1）与同期、同类工程单方造价对比

本工程竣工后，经甲乙双方核对确认，最后的竣工终结算价为：7863.07万元，单方造价：1361.26元/m²，施工单位获得实际项目毛利润约4%。经调查，同期同类型工程单方造价约为1800～2100元/m²，该工程比类似工程节约400～700元/m²，工程造价节约25%以上。

（2）工程造价得到有效控制的原因

1）设计阶段图纸优化

在设计阶段，全过程项目管理单位的设计人员对该工程施工图纸进行了二次优化，使设计图纸质量更高。优化后图纸不仅避免图纸中的错、漏、碰、缺等现象，同时，明确了材料、设备的规格型号、材料性能、技术标准等，提高了可计价度。其次，在装饰图纸设计时，对不必要部位的装饰面层进行优化，如卫生间镜子背面墙面贴瓷，厨房橱柜背面、地面接触部位均取消装饰面层，在不影响装饰效果的前提下，节约了建设成本。

2）招标交易阶段无材料、设备暂定价

该项目在交易阶段，在招标文件中明确材料、设备规格、型号、品牌，价格及供应商。不仅方便投标人进行投标报价，同时也利于建设单位控制工程造价。

3）施工合同对材料、设备最大限度地实行"包死价"

本工程合同约定，主要材料、设备实行"包死价"，乙方承担施工期间材料涨价等一切风险，施工过程中乙方不得以任何理由要求调整。众所周知，材料、设备费占工程总造价约60%～70%，装修档次越高，比例越大。本工程正是抓住了这一点，在交易阶段将影响工程造价的因素进行明确，避免后期材料变更增加费用，有效地控制了工程造价。

4）发挥建设业主优势，对主要材料、设备实行集团招标

全过程项目管理单位发挥建设单位优势，实行集团招标制度，在施工项目招标前期，已将本工程的主要材料、设备进行招标、定价，并选定供应商，建立长期合作关系，以低于市场实际采购价约30%的价格进行订货。施工过程中，施工单位仅需依据订货合同进行采购，如影响工程造价较大的装饰材料：木地板、地砖、内外墙瓷片等。

5）实行"清单工程量包死"

在交易阶段，实行"清单工程量包死"，因前期图纸经过设计、二次优化，图纸设计内容等基本完善，为较准确地提供工程量清单提供了依据，是实现"清单工程量包死"的必要条件。

实行"清单工程量包死"，有利于建设单位控制工程造价，同时，缩短了结算周期。

6　结语

本项目系该房地产开发商的全过程项目管理试点项目，其内部的全过程项目管理单位通过"图、材、量、价"前置优化手段，使"项目定义"清晰、完整，促进招标工程量清单、最高投标限价编制准确合理，确保工程招标的有效性和可

行性，为"先定义、再资审、最低价中标"奠定基础。该项目试点验证了该房地产商总结的全过程项目管理技术标准的可行性，试点取得了预期成果，实现了从设计源头降低工程造价的预期目标，工程竣工质量优良，总工期比同类项目降低约六分之一，工程总造价比同期类似社会平均价格至少低 25%。

本全过程工程项目管理试点项目响应了住建部［2014］142 文件号召，"推行全过程造价咨询服务，更加注重工程项目前期和设计的造价确定，充分发挥造价工程师的作用，从项目立项、设计、发包、施工到竣工全过程，实现对造价的动态控制。"经过对该项目的分析，以及对中海、富力、珠江、恒大、碧桂园等南系企业成本管理经验学习，可以看出让，造价工程师参与设计，在设计阶段进行工程造价分析，可以使造价构成更合理，使设计文件更加精细化。

附　录

关于房屋建筑项目工程总承包的再思考①

笔者在 2017 年 11 期《中国勘察设计》发表了《工程总承包到底怎么推?》一文,提出 EPC 适用范围、新型 DBB、工程总承包招标依据等观点。住建部门最近发出《关于征求房屋建筑和市政基础设施项目工程总承包管理办法(征求意见稿)意见的函》(以下简称"征求意见稿"),本文再次进行深入探讨。

本文通过温故知新,从历史的逻辑中分析提出,应大力推行全过程工程咨询(建筑师负责制),做强设计咨询行业,提升业主方项目管理,创造条件推进"新型 DBB"工程总承包模式。

探寻历史逻辑,温故知新

工程总承包,是 20 世纪 90 年代我国化工领域率先引进的一种 FIDIC 合同模式,即设计-采购-施工(EPC,银皮书)。二十年来,建设行政部门多次发文件推广,化工、石油、电力工程等领域发展较快,房屋建筑与市政领域却没有突破性发展,这其中有何内在原因?笔者认为,应结合国际工程行业惯例,从历史的逻辑中予以思考。

房屋建筑项目,按照使用性质可分为民用建筑、工业建筑、仓库、构筑物工程及其配套工程的新建、改建、扩建工程,本文称作建筑工程。

我国现代意义的建筑工程设计、施工,源于 19 世纪初。1927 年,中国建筑师协会在上海成立,以吕彦直、杨廷宝为代表的中国第一代建筑师,创造并实践了"建筑师负责制"这一汉语称谓;陈明记、新金记、陶馥记、陆根记"四大营造厂",代表了中国早期的施工承包商群体。当时,建筑师不但"画图"搞设计,也负责造价控制、材料选择,及施工监造,还承担着在业主、营造公司(厂)之间沟通协调的身份——这正是标准的国际建筑师负责制。

1953 年,中国建筑师协会解散了。建筑工程由国家计委立项,财政拨款,设计院设计,施工企业按"国家定额""包工不包料"施工,建材公司按"国家定额"供应材料,项目建成后计委代表国家验收,并作为固定资产移交给使用单位。在计划经济下,建筑师成为国家大机器上的一个零件。

---

① 王宏海、李斌,发表于《中国勘察设计》杂志 2018 年第 2 期,总期第 305 期。

1980 年至 1995 年，上述"给国家盖房子"的投资建设体制发生了彻底的变化。设计单位实行收费制，施工单位改为"包工包料"合同承包模式。尤其是受首个世行援助项目"鲁布革"模式的影响，我国开始推行与国际接轨的四项重要制度，即项目法人责任制、招标投标制、工程监理制和合同管理制。项目法人对工程项目的投资、立项、设计、招标、造价、施工管理、竣工验收等全过程负责，逐步建立了以业主为中心的项目管理模式，清华大学建设管理系副教授邓晓梅称之为"业主自管"模式，参见图 1。

图 1　工程管理和工程咨询服务模式的演变

1995 年，参照工程咨询国际组织规则，我国工程建设行业改革力度加大。按照国际咨询工程师联合会 FIDIC、国际建协 UIA、美国注册建筑师协会 AIA 等国际工程咨询组织的定义，咨询工程师（Consulting Engineer，包括建筑师等）是以从事工程咨询业务为职业的工程技术人员和其他专业人员的统称；工程咨询公司提供技术、设计、管理以及监督和培训等方面的专业服务。1995 年前后的改革措施是，首先从"业主自管模式"分立出工程咨询（投资）、造价咨询、工程监理和招标代理等"专业咨询"，与原有的工程设计并驾齐驱，"五龙治水"式工程咨询碎片化管理体系正式形成，直至今天，参见图 2。这里须注意，前四项新生的"专业咨询"，并非是从"工程设计"中分立出来，而是从业主方职能中分设。

图 2　工程咨询五龙治水管理体系

1995 年之后的发展显示，在这套建筑业制度体系下，施工企业的主要职能是"包工包料，按图施工"。而工程项目管理，在国有投资和非国有工程中，却事实上形成了两种完全不同的管理模式。

国有投资工程的项目管理，新生的投资咨询、造价咨询、招标代理、工程监理，十分巧妙地迎合了业主方离散化管理、肢解工程需求，"碎片化"与"离散化"互为支撑，两两相利。虽然业主对碎片化服务的抱怨甚多，却也无奈。

非国有投资工程的项目管理，以房地产项目为代表，由于没有人提供一条龙式的全过程工程咨询（建筑师负责制）服务，就自发形成了"一条龙项目自管模式"，即房地产企业除完成投融资、拿地、销售等"主营"业务外，还"自营"完成策划、造价、招标、主材采购、工程监理与合同管理等"辅助"业务。清华大学建筑系副教授姜涌称之为"超级业主"。

2017 年，国家开始推行全过程工程咨询、建筑师负责制。在"放管服"背景下，工程咨询（投资）、招标代理的企业资质、招标师执业资格首先已被取消，这是正本清源的一大进步。发展全过程工程咨询（建筑师负责制），历史的任务落在设计企业身上。但我国设计企业从历史上就缺乏造价、招标、合同和项目管理经验，目前对发展全过程工程咨询（建筑师负责制），持"走着瞧"的观望态度；监理企业由于先天不足，想发展全过程咨询，也是有心无力；造价咨询企业擅长协助业主、PPP 项目进行利益安排，参与全过程咨询的意愿积极。

在施工行业，化工、电力、石油、冶金等工业工程领域，以设计院作为 EPC 工程总承包的主力军，发展迅速；但是，建筑工程领域建筑设计院发展 EPC，尚在初期探索阶段；同时，建筑施工企业不满足于"包工包料，按图施工"的传统承包模式，提出"设计施工一体化"总承包的概念，他们以 EPC 名义与设计院组成联合体，积极推动国有投资项目实行"工程总承包"；2016 年以来，他们签订了海量的 PPP（＋EPC）投资项目，变身"二业主"兼承包商，对行业走向将产生重大影响。总之，在推动建筑项目"EPC 工程总承包"方面，建筑施工企业比建筑设计企业表现得更为积极，但这并不符合以设计为龙头的工程总承包的改革初衷及国际惯例，应予以深入剖析。

EPC 不适合于建筑项目工程总承包

按照国际工程建设惯例，业主方、咨询方（含设计）、施工方三足鼎立，相互制约，形成"铁三角"。从上节历史逻辑可以看出，我国建筑业体制的短腿是咨询方和业主方。

笔者认为，建筑工程领域可持续发展及"一带一路"项目合作，当前最急需的是推行全过程工程咨询（建筑师负责制），而不是急于推行工程总承包。现阶段，尤其须厘清全过程工程咨询与工程总承包的概念区别，防止在"设计-施工一体化"的导向下，建筑企业继续畸形膨胀，阻碍了工程咨询业的拨乱反正和健康发展，造成建筑业"铁三角""一腿独大"的不正常现象，参见图3。

有专家指出，工程总承包可"实现设计、采购、施工的深度融合"，这是对设计-采购-施工承包（EPC）的机械理解，值得商榷。1999年FIDIC《设计采购施工（EPC）/交钥匙工程合同条件》（银皮书）序言中，明确提出了EPC模式不适用的三种情况：1）在招标投标阶段，承包商没有足够时间或资料用以仔细研究和证实业主的要求，或对设计及将要承担的风险进行评估；2）建设内容涉及大量地下工程或承包商未调查区域

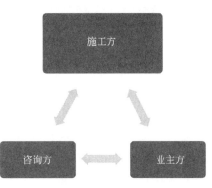

图3 "铁三角"之"一腿独大"现象

内的工程；3）业主需要对承包商的施工图纸进行严格审核并严密监督或控制承包商的工作进程。

对照以上1、3条可以看出，EPC模式对于我国的建筑工程项目并不适用。这是因为，建筑工程项目特别是大型公建、住宅项目，具有非常强的"外部性"，社会影响及关注度高，因而"业主的要求"较难进行工程定义；加之未实行主材设备"标前招标"，暂定价及设计变更较多。显然，建筑工程的以上特点，基本符合EPC模式不适用的三种情况。只有对个别交付标准比较明确的住宅项目，EPC工程总承包尚可适用。

大量工程案例证明，EPC多适用于大型工业项目如化工、石油、冶金、电力工程等，其投资规模大、专业技术要求高、管理难度大，具有设备制造占总投资比例较高、设计艺术性不强等特点；这类项目，以设备制造、供应、安装为主，如同预拌混凝土搅拌站、工程机械等成套机电产品加工合同，工程定义及项目产能明确，容易量化，适宜以EPC形式招投标。

综上分析，设计-采购-施工（EPC）承包模式，并不适合于建筑工程项目——这也正是多年来工程总承包在房屋建筑工程领域未能实质性发展的内在原因。

另外，EPC/DB模式不宜称之为"设计-施工一体化"。这一方面是因为，EPC/DB是FIDIC中的合同体系，我们直译为"设计-采购-施工承包合同条件"、"设计-建造承包合同条件"，是准确的。统一称作"工程总承包"，也是国人、普通话的语言风格和习惯。而将EPC/DB继续引申为"设计-施工一体化"，甚至提出"设计、采购、施工的深度融合"，看似与EPC/DB内涵一致，其实这模糊了

业主与承包商招标投标及合同界面中最重要的结算依据、结算方式和结算价格，忽视了发包前的工程定义的精细化要求，容易造成承包商无限索赔，结算过程严重扯皮。因此用直译更为客观、准确。现在推行工程总承包，容易引起混淆和歧义的是："设计"到底包括什么，由谁来做？这已造成广大业主和业内人士的混乱认识和不解。因此，笔者认为，在引进 EPC/DB 并探索中国化的过程中，适宜直译，并理性分析其使用范围，没有必要再"造大词"，笼统地提一个"设计-施工一体化"，或"设计、采购、施工的深度融合"。

近年来，一些地方搞"EPC 工程总承包"，发包时缺少"完整，准确，清晰"的工程定义文件作为发包依据，对占造价一多半的主材设备通常实行暂估价，施工过程再认质认价。由于缺乏发包计价依据，多演变为"费率招标"，未形成价格竞争机制，招投标流于形式。国务院（2016）34 号文件《关于在市场体系建设中建立公平竞争审查制度的意见》要求，"逐步确立竞争政策的基础性地位。"这种非市场机制配置资源的"恶"规则，其结果必然是更为严重的"三超"与"高冒"，这与工程总承包（EPC/DB）降低造价的初衷背道而驰。

关于"设计-施工一体化"的欠合理性及严重后果，可参见吴奕良主编的《纵论中国勘察设计咨询业的发展道路》一书 P244 页。目前，有些企业以 EPC 名义，采用的"拉郎配"方式承包国有投资工程，依然是设计、施工两张皮，影响了工程总承包市场正常发育，被业内人士诟病为"假 EPC"，其实质是施工企业为了取得施工承包权，就是这种概念混淆的结果。反过来想想，国际 EPC 模式源于私人投资工程，为什么一定要仅仅抓住国有投资工程？如果面对非国有投资项目，这种"设计-施工一体化"的工程总承包制度政策又当如何？

"援外 DBB"模式对工程总承包制度的启发

2017 年 10 月 30 日《建筑时报》，刊登了主编李武英对中元国际工程有限公司国际工程设计研究院院长张日的专访，《商务部领建设模式改革之先，援外项目做法可资借鉴》。该文详细介绍了我国援外工程的建设管理模式。文章指出：

作为中国援外项目运作模式的第四阶段，2015 年商务部正式出台了《对外援助成套项目管理办法（试行）》（以下简称"3 号令"）。《深化对外援助管理体制改革方案》推出了"项目管理＋工程总承包"新管理模式，标志着对外援助成套项目的运作模式发生了根本改变。即设计单位承担项目专业考察、工程勘察、方案设计、深化设计和全过程项目管理任务，工程总承包企业承担施工图详图设计和工程建设总承包任务。这种模式下，各方责、权、利有了明显不同，同国际上先进的管理模式接轨，也与国办"19 号文"提出的发展全过程咨询的要求是吻合的，从推行全过程咨询的角度，应该说是走在了全国的前列。

　　援外成套项目的管理模式分为"中方代建"和"受援方自建"两种方式。"中方代建"以"交钥匙"形式交付受援方使用，并提供建成后长效质量保证和配套技术服务的管理模式。中方代建项目由商务部担任业主方，实行"项目管理＋工程总承包"的实施方式和企业承包责任制，采用"采购-施工"（简称P-C）承包方式，即项目管理企业承担项目的专业考察、工程勘察、方案设计、深化设计和全过程项目管理任务；工程总承包企业承担施工详图设计和工程建设总承包任务；生产型项目、技术简单的基础设施项目或无需复杂设计的设备安装项目可以采用"设计-采购-施工"（EPC）承包方式，即项目管理企业承担全过程项目管理任务，工程总承包企业承担勘察设计、施工详图设计和工程建设总承包任务。从以上规定可以看出，商务部对项目的实施方式是全工程过程咨询和EPC总承包两者的结合。其先进性在于有两方可以互相制衡的责任主体，更加明确了设计和施工的主体责任，避免多方责任，互相推诿。

　　这种"援外DBB模式"，对国内项目及设计单位有较大启示，对设计企业原有模式形成非常大的影响和触动。按国际惯例，由业主、咨询和施工三方组成工程质量责任的"铁三角"，商务部的新模式正符合这种要求。对设计单位来讲，首先是职责范围扩大了，承担了项目专业考察、勘察、方案设计、深化设计和全过程项目管理，收费达到了工程造价的7％～10％。而责任也大了，那对保险就有了要求。目前援外项目开创国内先河，引入了项目职业责任保险，承担因勘察设计缺陷、投资失控、遗漏、项目监管失误等导致项目的直接和间接损失，保险费率为2.5‰～3‰，一般达到了设计费的10％，以一个亿的工程为例，算下来，要用近30万元买保险。第二是援外设计模式也发生了改变，通常国内设计院主要以施工图为主，是设计单位的主要精力来源。而在国外，设计通常做到扩大初步设计阶段就进行招标，由总承包商做施工图或者叫详细设计，再由设计单位对承包商的施工图进行批准，并对后续工作进行项目管理。援外模式将设计划分为方案设计、深化设计和施工详图三个阶段，设计单位负责方案设计和深化设计，施工详图由施工总包负责，要求深化设计做到扩大初步设计，拿出工程量清单和技术规格书，确定标准和造价，用来招标（笔者注：这些，习惯统称为招标图），施工详图由施工单位来做，设计单位负责审查。这种模式的变化是革命性的，对设计行业会有一定冲击，设计院需要转变思路、转变观念。从纯粹的施工图设计转向控制工程标准和造价的深化设计。

　　在笔者看来，这实际上是国际工程建设成熟的DBB（Design-Bid-Build，设计-招标-建造）项目组织管理模式。DBB是国际上最为通用的工程建设组织模式，即设计方受业主委托负责包括设计在内的全过程咨询即项目管理，业主在设计方的协助下负责采购招标，施工方负责施工建造。这种模式各方责任清晰，操作简单。显然，张日介绍的建设模式，就是标准的国际DBB模式，笔者这里称之为"援外 DBB"模式。该模式与我国建筑工程"现行 DBB"模式较为相似，进行工程总承包制度设计时可资借鉴。

"援外 DBB"模式以招标图为招标依据，我国房建工程"现行 DBB"模式则以施工图为依据，其他各方职责与管理模式大体相同。笔者认为，"现行 DBB"模式只要设计方推行全过程工程咨询，并借此加强对业主方的项目管理支撑，同时参照"援外 DBB"模式建立我国的"招标图"制度，就可形成我国的"新型 DBB"模式——可以认为，这正是"征求意见稿"房建工程总承包预期的实现形式。

"新型 DBB"：适用于建筑工程的工程总承包模式

"征求意见稿""第三条（工程总承包的定义）本办法所称工程总承包……是对工程项目的设计、采购、施工等实行全过程或者若干阶段承包……"其中，对"设计"一词的内涵缺乏准确的定义，造成"征求意见稿"在这一关键之处的模糊，缺乏可落地性。

《建筑工程设计文件编制深度规定》（2016 版）规定，我国设计文件分为：方案设计、初步设计及施工图设计。而"征求意见稿"第八条则规定，"在可行性研究、方案设计或者初步设计完成后……进行工程总承包项目发包。"按照《2013 建设工程工程量清单计价规范》（GB 50500-2013），工程量清单编制以施工图设计文件为依据。即使沿用传统计价模式勉强编制的估算、概算，由于主材设备等工程定义未达到满足招标的深度，也是形式大于内容，缺乏实质性约束力。因此，"征求意见稿"规定的工程总承包由于缺乏有效的计价依据，因而难以落地，这正是建筑项目工程总承包难以推开的关键原因。

"征求意见稿"规定工程总承包宜实行固定总价承包。建筑工程要实行固定总价招标，最早阶段，也只能以扩大初步设计为基础，才能编制招标文件。事实上，在"援外 DBB"即"新型 DBB"模式中，业主正是以扩大初步设计作为工程总承包的招标依据。中元设计顾问总建筑师费麟回顾了 1953 年以来设计深度规定的演变，结合中国驻美使馆的建设案例认为：这种扩大初步设计应达到技术设计的深度，国际上叫作 DD（develop design）发展设计，或 FD（final design），其中包括技术规格书（specs）和工程量清单，还要对主材设备的性能规格和品牌范围做出规定。这样的设计文件，可作为招投标计价、签订固定总价合同、竣工验收的依据，俗称招标图。招标图需由工程总承包单位进行详细设计即施工图设计，即完成施工详图（working drawing）或设备、材料加工图（shop drawing）。工程总承包方完成的这个 WD/SD，须经设计方签字认可后才能施工。

据此，将这种"新型 DBB"模式与"征求意见稿"工程总承包制度进行比较，笔者认为这已不再是"现行 DBB"模式下的施工总承包，而就是"征求意见稿"描述的工程总承包。顺便指出，我国的"施工总承包"；就是国际上的"施工承包"，加了一个"总"字，只是资质管理上为了与"专业施工承包"相区分。

推行"新型 DBB"模式，首先需制定 DD/FD、WD/SD 设计深度标准，并规定 DD-WD 之间"图差"关系的处理办法。目前，第一步，应抓紧修订《建筑工程设计文件编制深度规定》，增加 DD/FD、WD/SD 设计深度标准，建立招标图制度，并发布对应的《建设工程工程量清单计价规范》，为"新型 DBB"工程总承包模式的实质性落地创造条件，参见图 4。

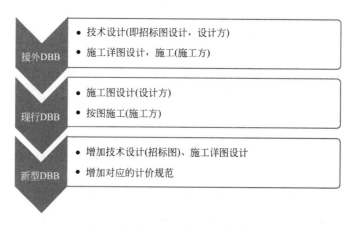

图 4　新型 DBB 承包模式所需条件

推行工程总承包需提升业主方项目管理

姜涌教授认为，"征求意见稿"中，看似总承包企业责任重大，其实在缺乏必要的工程定义条件下，承包商可无限索赔，双方严重扯皮，业主可能会成为冤大头，而不仅仅是鸡蛋放到一个篮子里的风险。因此，提升"铁三角"中业主方的项目管理和服务能力，是推行工程总承包的必要条件。

同济大学丁士昭教授引进的工程项目管理，实质上就是强调业主方管理。我国大陆法系及集权文化的特点，社会契约意识先天不足，必然决定了建设业主在工程项目管理中的中心与强势地位，这无可厚非。我国建筑立法和市场监管"重乙方，轻甲方"，建筑市场治理多放在对施工企业这一"弱势群体"的严管重罚上，参见图 5。长期以来我国并没有管理"甲方"的部门和制度法规，建议政府管理部门加强对建设业主行为的研究和管理，提升建设业主项目管理能力，着力落实"真招标"，弥补建设业主这一建筑市场监管的短板，使得建筑市场监管能覆盖和惠及这一"死角"。

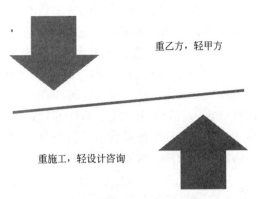

重乙方，轻甲方

重施工，轻设计咨询

图5　建筑市场监管的失衡

建议抓紧制定《建设单位管理办法》，比如，1）明确住建行政部门为建设单位行为的监管部门，将管理部门"招投标管理处"改为"业主监管处"；2）建立、完善工程设计咨询制度体系，提升工程定义及招标文件的精细化，支持建设单位"强起来"；3）把建设单位行为监管纳入建筑市场诚信体系，加强合同备案及事中、事后监管；4）加强对政府工程的发包、结算和工程拖欠款的监管，等等。

另外，长期以来建筑行业管理"重施工，轻设计咨询"，造成我国工程咨询的碎片化管理体制，设计单位只会画图，不懂经济、合同、材料、项目管理，建设单位得不到最为迫切的一体化、全过程工程咨询支持，导致其实质上处于"弱势"地位。目前，急需提升设计单位的全过程咨询服务能力，助力业主方项目管理。

笔者认为，制定工程总承包制度，应以保护业主利益、提高建设效率为出发点，以固定总价、可招标竞争、降低工程造价为目标，以工程总承包方与建设业主之间的职权及招投标交易范式为核心，以招投标、评定标、合约签订等工程定义条件为重点。具体措施是，大力推行全过程工程咨询（建筑师负责制），从体制上助力提升建设业主的项目管理能力，从机制上提高工程定义、招标、造价及合同管理质量。加强财政和国有资金的使用安全，杜绝"三超"根源，这是唯一正确的办法。

业主方通常还关心分包与转包问题。工程分包是国际通用的组织形式，而转包或变相转包应予禁止。区分转包与分包，其实很简单，即按造价抽取"固定管理费"的，就是转包或变相转包。

综合施策，为推行工程总承包创造条件

1999年，国务院发布了《关于工程勘察设计单位体制改革若干意见》，明确

提出勘察设计单位的发展方向是国际通行的工程公司、工程咨询设计公司、设计事务所、岩土工程公司等 4 种模式，参见图 6。笔者认为，现在提出全过程工程咨询（建筑师负责制）与上述文件是一致的，市场有需求，目前应集中精力落实好，使设计企业首先转型为工程咨询设计公司。尔后，部分设计企业自然会转型成为工程公司。

从设计企业内部职能分析，工程总承包的实质是"以设计为核心的设计-采购-施工总承包"，核心是设计——具备全过程控制内涵的"设计"。目前，我国绝大部分房建与市政设计

图 6　勘察设计单位改革方向

企业连全过程工程咨询（建筑师负责制）都做不了，更为复杂艰巨的工程总承包，自然也做不了。而我国施工企业由于"按图施工"的习惯，即使特级企业新办或收购的设计部门，或一些集团拥有的下属独立设计企业，目前看也是"两张皮"，并没有形成国际工程公司以"设计"统领工程总承包的内在功能。必须引起重视的是，目前直接提出工程总承包，条件并不成熟，而且有可能转移工程咨询业的改革视线，影响设计企业的改革和全过程工程咨询的推进。

再次强调，全过程工程咨询（建筑师负责制），属于工程咨询的范畴，是包服务，不涉及物质化产品的生产，提供的是智力型咨询服务，收取的是费；施工总承包、工程总承包，是包工程，是一种物质化的建筑生产，提供的是实体化的建筑产品，获取是工程造价。两者在责任性质、价值诉求、盈利模式和服务采购模式上都完全不同，防止有意或无意的混淆，造成混乱。

值得重视的是，全过程工程咨询（建筑师负责制），是建筑业的"重大改革"，牵一发动全身，绝不是纯粹"设计"的事，其核心虽是建筑师执业责权利的恢复，但将引起工程咨询（投资）、工程造价、工程监理、招投标改革的联动。它不但可加速设计企业向工程咨询、工程公司转型，是中国工程咨询业的拨乱反正，而且可为下一步发展工程总承包，打好水到渠成的基础。

笔者认为，落实国办"19 号文件"，对全过程工程咨询、工程总承包、设计深度、造价管理改革、建设业主监管等需系统思考，综合施策，结合"放管服"重点放到市场环境的营造上。建议从理顺工程咨询业体制入手，提高相关政策、规范、标准、合同示范文本的联动性，整体协调推进。具体建议：

（1）整合碎片化，形成中国工程咨询业的一体化管理体制。政策制定切忌零

敲碎打，各自为政。尤其重视工程造价与设计的融合，这对工程质量及建筑品质的提升，落实安全生产及农民工工资责任，有直接关系。

（2）建议目前首先全力推进全过程工程咨询（建筑师负责制），同时加强对建设业主的监管，并作为加强建筑市场监管的突破口和着力点，部署研究"新型DBB"模式，创造条件推行工程总承包。

（3）将造价管理归属建筑市场监管部门管理。因为造价是工程项目各干系方共同关心的项目灵魂，造价融入设计是全过程工程咨询的重点和难点。缺乏设计深度、造价管理改革的配合，全过程工程咨询（建筑师负责制）、工程总承包的制度预期将大打折扣。

（4）下大力气推动行业立法。费麟认为，相比各种实施意见、管理办法，应在系统研究的基础上，加快造价管理制度改革，加强建筑行业立法工作。如，修订《建筑法》、《注册建筑师管理条例》、《基本建设程序》等，制定《工程咨询业管理条例》、《建筑设计竞赛条例》等，修改注册建筑师考试大纲、建筑院校教育大纲等。

工程总承包到底怎么推？^①

2017 年 2 月，国务院办公厅《关于促进建筑业持续健康发展的意见》（国办发〔2017〕19 号，以下简称 19 号文）提出，"加快推行工程总承包。装配式建筑原则上应采用工程总承包模式。政府投资工程应完善建设管理模式，带头推行工程总承包。"

推行工程总承包，有关方面做了不少工作，但市场主体对如何落地还是理解不深，建设业主仍不清楚如何操作。笔者建议，切实落实 19 号文"加快完善工程总承包相关的招标投标、施工许可、竣工验收等制度规定。"将国际规则与中国国情相结合，进一步提高工程总承包政策、规范及合同示范文本的联动性及可操作性。兹提出以下思考，供专业人士参考。

国际 EPC 模式的适用性探讨

FIDIC 推荐了多种形式的施工承包和咨询服务合同文本，EPC 是其中的一种，它是设计-采购-施工总承包（Engineering Procurement Construction）的简称，指承包商负责工程项目的设计、采购、施工安装全过程的总承包，并负责试运行服务。FIDIC 合同中还有 EPC 的升级版本，即交钥匙工程（Turnkey），也被称作 EPC-Turnkey、TKM 或 LSTK 模式。如果承包商决定自行出资，成为项目投资人，则会转变为 BT 模式（建造-转让，Build Transfer）。更进一步，如果业主还要把项目的运营权利有时限委托给承包商，便升级为 BOT 模式（Build Operate Transfer）。BOT 模式本身，还会根据不同的情况，派生出若干的模式变化。这些投资加承包的模式，可统一归属为 PPP。

EPC 在国际上多适用于大型工业项目如石油、化工、冶金、电力、水利、铁路工程等，这类项目投资规模大、专业技术要求高、管理难度大、设备和材料占总投资的比例较高，还具有建筑艺术性、设计个性要求不高的特点。1999 年 FIDIC《设计采购施工（EPC）/交钥匙工程合同条件》（银皮书）序言中，明确提出了 EPC 模式不适用的三种情况：

1）在招标投标阶段，承包商没有足够时间或资料用以仔细研究和证实业主

① 王宏海，发表于《中国勘察设计》杂志 2017 年第 11 期，总第 302 期。

的要求，或对设计及将要承担的风险进行评估。

2）建设内容涉及大量地下工程或承包商未调查区域内的工程。

3）业主需要对承包商的施工图纸进行严格审核并严密监督或控制承包商的工作进程。

对照以上 1、3 条，笔者认为，EPC 模式对于我国的建筑工程项目似乎并不太适用。这是因为，建筑工程项目特别是大型公建、住宅项目，具有非常强的"外部性"，社会影响及关注度高，因而"业主的要求"难以定义，过程变更较多，"承包商没有足够时间或资料用以仔细研究和证实业主的要求"，且"业主需要对承包商的施工图纸进行严格审核并严密监督或控制承包商的工作进程。"这些特点，基本符合上述"EPC 模式不适用的三种情况"。这一不成熟认知，希望引起业界重视和深入研究。

DB、DBB 模式的适用性

DB 是设计-建造（Design Build）的简称，是指业主将设计和建造的任务同时发包给同一项目总承包商，承包商负责组织项目的设计和施工，业主重在产品是否符合需求，而不参与设计与施工之间的关系协调。FIDIC《设计-建造和交钥匙合同条件》（橘皮书）是对该模式的典型应用，其与 EPC 合同的差别主要是少了一个采购环节。

DB 模式和 EPC 模式，在总承包的目的和方式上都具有总承包模式的共同特点，即设计施工总承包、力求总价固定、交付成品。但除了采购环节上的差别，两种模式的"设计"在概念和适用上还有一定的区别。

1）DB 模式中的设计（Design）主要针对的是单一专业方面的结构设计、外观设计、功能设计。而 EPC 的设计（Engineering）除了包括 DB 中的设计（Design）内容外，还包括整个工程的整体策划，各阶段的管理策划，跨专业、跨功能的联动设计、组合设计，生产工艺流程设计，要求各专业产品能配套、并密切整合，发挥最佳功效。

2）在设计比选的阶段，一般 DB 合同签订以前，业主已有较为明确的设计要求和总体规划，DB 承包商一般只需对方案进行细化和优化，以满足施工要求。而 EPC 项目，则是在 EPC 合同签订以前，业主只对项目提出概念性的、功能性的要求，承包商要能站在业主的角度上提供选择并给出最优的设计方案。

3）两者范围大小不同，当一个项目不能同时整体以 EPC 模式承包给同一家建筑承包商的时候，可考虑将项目分专业拆分成若干个 DB 项目来实施。一般中型的、功能单一、涉及专业较少的项目多采用 DB 模式，如公路项目、港口、机场、矿山等 EPC 项目中可按专业拆分出 DB 项目。

比较 DB 模式和 EPC 模式的异同发现，EPC 模式更适合于以"成套设备设计-制造-提供"为特征的化工、冶金、电力等工业工程领域，而 DB 模式多适用于结构简单、功能定义清晰、涉及专业较少的中小型工程建设项目。笔者据此认为，我国建筑工程推行工程总承包，与 EPC 相比，DB 模式更为适合。

另外，DBB（设计-招标-建造，Design Bid Build）模式，则是一种国际通用的工程建设组织模式，也是我国援外项目建设的主要模式。国际 DBB 模式将设计分为方案设计、深化设计和施工详图三个阶段，设计方负责方案设计和深化设计，施工承包商负责施工详图设计，设计方审核批准承包商的施工详图，并对后续工程进行项目管理。设计方的深化设计需做到扩大初步设计甚至更细，同时提供招标工程量清单和技术规格书，并作为施工招标投标的依据，这套项目定义文件，习惯上也叫作招标图。DBB 模式下，业主、承包商、设计咨询方的职权和责任义务较为明确，但也存在业主协调量大、衔接刻板等不足。

我国现状与国际 BBB 模式较为接近，建议目前结合推行全过程工程咨询及工程总承包，参照援外项目模式，首先完善、建立我国 BBB 模式：设计单位只做到扩初设计，但要增加招标工程量清单和招标文件，共同形成招标图设计文件，并作为业主单位招标选择承包商的依据，而施工详图则由施工单位设计，并经设计单位审核认可。

笔者认为，上述 DBB 模式，在我国也可算作是工程总承包的一种，

应重视研究我国 DBB、工程总承包的招标依据

2018 年 1 月 1 日即将实施的《建设项目工程总承包管理规范》（GB/T 50358-2017），缺少了对工程总承包方与业主方之间的职权及招标投标交易范式的规定。19 号文件要求"加快完善工程总承包相关的招标投标……制度规定。"正好指出了这一缺陷。

目前，推行工程总承包，最为急迫的是，告诉业主工程总承包如何招标、如何签订合同？调研发现，当前推行工程总承包，存在以下现实问题：

1）投资（业主）方的需求定位及必要的项目定义不完整或不明晰，加之承包商的设计能力不足，造成设计概算难以把控，承包商的产品和服务质量无法保证。

2）工程总承包商的采购能力不足，管理组织体系不健全，对工程质量和建筑品质造成隐患，业主难以放心。

3）业主、承包商和监理之间的关系和权责难以界定，存在误区。

4）业主和承包商协调不当，易造成多头管理，或责任不清，扯皮误事。

5）工程总承包招标及合同中的项目定义范围不明确，合同价、结算方式等

内容模糊，极易引发合同纠纷，最终危及工程总承包项目整体的成功实施。

上述问题的核心是，业主需要一套具体的、可操作性的、且能切实保护业主项目利益的工程总承包招标投标依据。

解决的第一种办法是：完善、改进我国现行 DBB 模式，引进、建立招标图设计文件技术标准。这种招标图，作为一整套项目定义文件，可报价、可竞争、可验收，能够解决"EPC 模式不适用的三种情况"以及上述五个问题。该 DBB 模式下的招标图，是在现行设计文件交付标准基础上的"微创新"，在技术操作层面并不难。只需把扩大初步设计中的部分内容适当加深，再加上招标工程量清单（包括主材品牌范围的约定），基本就可构成招标图设计文件。其中，难点在于将造价控制及主材定义融入设计全过程，焦点在于招投标及合同管理，需政府管理部门和各相关方重点研究。

解决的第二种办法是，建立工程总承包（包括 DB 等模式）的招标依据，这点急需政府管理部门根据 19 号文件要求展开深入研究。这是因为，《关于进一步推进工程总承包发展的若干意见》（建市（2016）93 号文，以下简称《意见》）提出的工程总承包招标投标依据缺乏可操作性，不能解决"EPC 模式不适用的三种情况"以及上述五个问题。试析如下：

《意见》指出，"建设单位可以根据项目特点，在可行性研究、方案设计或者初步设计完成后，按照确定的建设规模、建设标准、投资限额、工程质量和进度要求等进行工程总承包项目发包。"根据我国现行方案设计及初步设计深度标准，初步设计阶段只能提出工程估算或概算，而事实上这些文件的内容和深度难以作为工程总承包招投标报价、签署施工合同和计价、结算的依据，因而，无法形成建设业主招标时希望看到的价格竞争。可想而知，在目前体制、机制下，一个负责任的投资人或建设业主，是无法遵照这一办法招标选择工程总承包企业的。

再者，《意见》第六条"工程总承包企业的选择"要求，"建设单位可以依法采用招标或者直接发包的方式选择工程总承包企业。工程总承包评标可以采用综合评估法，评审的主要因素包括工程总承包报价、项目管理组织方案、设计方案、设备采购方案、施工计划、工程业绩等。工程总承包项目可以采用总价合同或者成本加酬金合同，合同价格应当在充分竞争的基础上合理确定，合同的制订可以参照住房城乡建设部、工商总局联合印发的建设项目工程总承包合同示范文本"。而《建设项目总承包管理规范》（GB/T 50358-2017）及该合同示范文本，均缺少了对《意见》第六条"工程总承包企业的选择"的管理标准支持。

工程总承包不等同于"设计-施工一体化"

在 DBB、DB 模式下，无论承包商承担的是施工详图还是深化设计，抑或是其他形式的"设计"，均不宜称之为"设计-施工一体化"。这一方面是因为，FIDIC中的EPC/DB是一套合同体系，我们直译为"设计-采购-施工承包合同条件"、"设计-建造承包合同条件"，是准确的。统一称作"工程总承包"，也是国人、普通话的语言风格和习惯。而将EPC/DB继续引申为"设计-施工一体化"，看似与EPC/DB内涵一致，其实这容易模糊业主与承包商招标投标及合同界面中最重要的结算依据、结算方式和结算价格，因此用原文、原意直译更为客观、准确。提"设计-施工一体化"，容易引起混淆和歧义的是："设计"到底包括什么，由谁来做？这有待根据中国国情，结合推进工程总承包，由权威部门准确规定。因此，笔者认为，在引进EPC/DB并探索中国化的过程中，适宜直译，没有必要再提一个"设计-施工一体化"。

另一方面，"设计"或者"施工"，都仅仅是工程总承包中的一个环节，单纯的设计方、施工方都不具备工程总承包的功能。即使承担了包括设计、施工在内的工程总承包，设计和施工也是一个企业内部完全不同的业务部门，既不能称为"设计总承包"，也不宜等同叫作"设计-施工一体化"。

关于"设计-施工一体化"的欠合理性，我国勘察设计界权威专家吴奕良主编的《纵论中国勘察设计咨询业的发展道路》一书中明确指出："应防止工程总承包被误导为'设计-施工一体化'"。书中写道："近30年来，国内一些大型勘察设计单位经过不断改革，参照国际工程承包商的通行模式，调整企业结构，转变发展方式，培养专业人才，发展成为以设计为主导的为工程建设项目提供全过程咨询服务、工程总承包的国际型工程公司，已经不再是原来意义上的设计院，从服务功能到组织结构上均已变成了EPC（DB）工程总承包商和PM项目管理承包商，这是一项重大改革创新成果。在整个转变过程中，却从未提出过'设计总承包'、'设计-施工一体化'"。"工程设计单位属于知识密集、智力密集、技术密集型科技企业，其专业化程度高，技术性、政策性强，绝不是只要'充分发挥施工企业施工经验的优势'、'充分发挥施工单位对于建材市场比较了解的优势'就可以进行设计。同样，将施工承包'上移'，来与设计进行一体化，设计单位既搞设计又能施工，也是不切实际的。即使是为工程项目全过程服务的国际型工程公司，也根本不存在施工'上移'和设计'下移'的问题。显然，'施工图设计下移'不可能做到'有利于优化、完善建筑工程各系统的设计，提高整个建筑行业的实用功能'。"

理顺工程咨询业体制　　助力整体协调推进工程总承包

推行工程总承包，涉及设计深度、全过程工程咨询、造价管理改革等，需实施系统的改革措施。

鉴于我国存在工程咨询碎片化、项目组织离散化的"两化"问题，推进工程总承包，需结合推广全过程工程咨询，理顺工程咨询业体制，提高相关政策、规范、合同示范文本的联动性及可操作性，整体协调推进。以下建议措施可供参考：

1）参照 FIDIC 合同体系，结合我国国情，重新研究、制定有针对性的"工程总承包合同示范文本"。这里需注意，国际上对设计阶段和图纸深度并没有、也无需统一的标准规定，与之相应的咨询服务及施工承包模式，也是根据各国国情和项目实际情况，合同模式及组合方式灵活多样，因此可根据国情需要进行制度设计，不必拘泥什么国际名词、设计深度或合同模式。

2）推行全过程工程咨询，理顺投资咨询、勘察设计、造价咨询、招标代理、工程监理五龙治水式的工程咨询业体制。这有助于尽快解决项目前期文件、设计文件、招标文件、造价文件、监理文件分体造成的诸多弊端，让业主获得一个迫切需要的一体化工程顾问。

3）以业主利益为依归，制定业主单位招标选择工程总承包商的制度规定。即让业主明晰工程总承包具体怎么操作，怎么签订工程总承包合同能够避免"鸡蛋放在一个篮子"的风险。

4）参照援外项目，完善、建立我国 BBB 模式下的招标图制度。加快研究、建立其他工程总承包模式下的招标投标依据。

5）配套推进"市场决定造价"的造价管理改革。造价是甲乙方关注的焦点，与工程总承包的招标投标制度密切不可分。建议抓紧落实《住房城乡建设部关于进一步推进工程造价管理改革的指导意见》（建标〔2014〕142 号）有关条款，尤其是加快文件提出的"市场决定造价"改革，为推进全过程工程咨询及工程总承包创造必要条件。

顺便指出，全过程工程咨询与工程总承包，是两个完全不同的概念。前者是"包服务"，后者是"包工程"。前者一般不涉及物质化产品的生产，提供的是智力型"咨询服务"，取的是"费"；而后者则是一种物质化的生产，提供的是实体化的"建筑产品"，获取是工程造价。两者在责任性质、价值诉求、盈利模式和服务采购模式上都完全不同。通常，国际上咨询服务商的招标不以价格为主要竞争要素，而施工承包商的招标主要以价格为竞争要素，即多采取最低价中标选择施工承包商。

筑信筑衡观点集锦

1. 孔子在《论语·颜渊》中说，"听讼，吾犹人也，必也使无讼乎。"同理，工程咨询应以业主长远利益为依归，通过强化工程定义契约，明晰各干系方权责，体现咨询方价值，实现项目利益最大化，增进多方信任，尽可能减少纠纷。

2. 按投资来源不同，工程项目可分为国有投资项目和非国有投资项目（含房地产）两类。前者，亟需解决竞争性招标问题。后者，应大力推进全过程工程咨询和建筑师负责制。

3. 建筑行业价格双轨制是指，国有投资实行以定额价＋最高投标限价为特征的计划价，非国有投资实行竞争形成的市场价。当前，应加快市场决定造价改革，以招标竞争形成造价，以合同约定造价。

4. 2015年10月中共中央、国务院《关于推进价格机制改革的若干意见》指出，"价格机制是市场机制的核心，市场决定价格是市场在资源配置中起决定性作用的关键"。建筑房地产业是国民经济的重要支柱行业，工程造价是国民经济发展的重要价格。

5. 有机式全过程工程咨询，是为业主提供的一种置业顾问服务。其中，设计是主导，策划是先行，造价是灵魂，重点是工程定义文件，难点是设计全过程的造价控制和造价市场化，焦点是施工招投标，落地点是招标文件和施工合同。

6. 以设计为主导，未必是以设计院为主导，但设计院有天然优势。事实上，谁的知识、能力能"罩"得住"设计"，都可以成为全过程工程咨询的牵头方。

7. 工程定义文件是对业主方建设意图的全面描述，是工程咨询服务的主要交付成果，主要包括设计图纸、产品说明书、工程量清单、招标文件，由工程咨询服务方负责编制。

8. 工程定义文件精细化的三个标准：公道、完整、清晰。实现精细化的方法有：综合寻优、投资分解、图量材模复合优化、材料咨询、BIM 等技术经济手段。

9. 图、量、材、模，指设计图纸、工程量清单、材料说明书、BIM 模型。

10. 工程咨询按阶段可分为全过程工程咨询和分阶段工程咨询，投资、造价、勘察、设计、监理、招标等属于其中的专业咨询。碎片化咨询、叠加式咨询与分阶段或全过程咨询的主要区别在于，各专业咨询文件之间缺乏内在的、有机的联系，存在大量错、漏、碰、缺，导致各种跑、冒、滴、漏，并由业主埋单。

11. 有机式全过程工程咨询的优势是：对于房地产项目可节约造价 10％以上，国有投资项目节约更多，缩短工期 1/5 左右。还可理顺业主方-咨询方-承包商铁三角关系，提升业主方管理能力，从而实现"质量优，造价省，工期短，效率高"项目管理目标。

12. 有机式全过程工程咨询的招采及定价模式为：先定义，后资审，最低价中标。实施机制为：真招标，详定义，早发布，严资审，慎封样，强担保，细评标，最低评标价中标。其中，只有实行经评审的最低价中标，才能对详定义提出精细化要求，从而倒逼咨询文件做到有机式，凸显工程咨询服务价值。

13. 有机式全过程工程咨询为业主省钱的基本原理：抓命门，堵后门，开前门。即，抓住精细化工程定义这一命门，减少各种咨询文件之间的错、漏、碰、缺，通过全面、全过程竞争性招标，堵塞跑、冒、滴、漏，实现"质量优，造价省，工期短，效率高"项目管理目标，让业主省钱、省时、省心。

14. 只要能节约造价 10％以上，工期缩短，质量提升，又可验证，可比较，全过程工程咨询服务按工程总造价的 7％～11％收费，业主应该愿意支付。

15. 在项目前期阶段，建筑师与业主方一把手交流较多，可方便把握业主心理，最知道业主的意图，有多少钱，哪个方面愿意多花钱，如何少花钱、巧花钱。

16. 全过程工程咨询属包服务，工程总承包属包工程，两者在责任性质、价值诉求、盈利模式和服务采购模式上都完全不同。

17. 国际 EPC 合同条件通常适用于石油、化工、能源等设备量较大、产能可量化的工业项目，EPC 合同要求总价固定，工期固定。

18. 在房屋建筑领域推行工程总承包，招标依据须达到可计价、可验收，这就是技术设计 DD/FD，习惯称作招标图，相当于扩初设计。否则，由于合同基础不足，造价、工期等不确定性风险较大。

19. 房屋建筑全过程工程咨询，在我国宜分为五个阶段，包括决策策划阶段、设计报建阶段、招标阶段、施工阶段、使用阶段。

20. 承包商资格预审的三原则：熟悉，可靠，积极。

21. 承包商投标报价的"两难"心理：高怕不中，低怕赔钱。

22. 咨询工程师的三种职业属性：专业性，独立性，公正性。这是咨询方获得委托方信任的基础。

23. 全过程工程咨询，不单是工程咨询行业的事，它是推进建筑业持续健康发展的一套"整体性制度安排"，如推进全过程工程咨询，就必须与造价市场化改革同步进行。正像青木昌彦教授在他的重要著作《比较制度分析》中所说，在一个"整体性制度安排"中，各种具体制度之间具有相互关联和相互依存的特性。"只有相互一致和相互支持的制度安排才是富有生命力和可维系的"。

24. 设计、咨询方不是"乙方"，是顾问方，应注意业主和顾问的职责界面。顾问服务不是代替业主方项目管理，而是帮助业主方提升项目管理能力。

25. 工程咨询方不但为业主方服务，还可为贷款方、承包商服务，也可以与承包商联合承包工程。

26. 建标〔2014〕142 号《住房和城乡建设部关于进一步推进工程造价管理改革的指导意见》文件的核心内容在于，"全面推行工程量清单计价，完善配套管理制度，为'企业自主报价，竞争形成价格'提供制度保障。"落实好这一文件，有利于推进全过程工程咨询，也是 BIM 技术大面积应用的充要条件。

27. 在经评审的最低价中标制度中，投标前有工程定义和封样，评标时有细评标，施工过程有履约担保，竣工后有诚信评价。因此，施工方不会恶意低价抢标。

28. 国际建筑师协会（UIA）职业实践委员会《建筑师职业政策推荐导则》认为，建筑师团队应"对其他专业（咨询顾问工程师、城市规划师、景观建筑师和其他专业咨询顾问师等）编制的技术文件作应有的恰当协调，以及提供建筑经济、合同管理、施工监督与项目管理等服务。"这里尤其须准确理解"恰当协调"的内涵。

29. 建筑师负责制，是全过程工程咨询在房屋建筑领域的实现形式，与国际职业建筑师制度基本一致。

30. 政府管理部门应设立建设单位监管服务机构，并加强对工程咨询业的统一管理。

31. 房地产企业培养的甲方建筑师（含建筑、结构、设备等专业），是推广建筑师负责制的重要人才，这支队伍值得业界重视。同时，房地产企业从事全过程工程咨询，有独特的优势。

32. 材料供应的六种方式：乙方自主报价，甲定范围乙方报价，暂估价，平行分包，甲指品牌，甲供。应尽量减少后四种方式。

33. 根据《建筑法》第五十七条，设计师不能在图纸中指定单一品牌产品。但是，可在"材料说明书"中为业主方推荐三个同档次品牌，这属于材料咨询。

34. 拖欠农民工工资的隐性根源在于，由于工程决算久拖不决，造成建设单位拖欠施工方决算款，影响施工方资金周转和正常支付。

35. 将专业咨询进行简单叠加、组合，就认为是全过程工程咨询，容易陷入泛项目管理化，而重蹈监理制度的老路。这种服务模式，虽然在国有投资项目会有某种需求，但因缺乏核心技术，难以给业主带来实质性好处，如"质量优，造价省，工期短，效率高"。

36. 房地产企业已进入精细化经营阶段，可按照有机式全过程工程咨询理论，委托咨询顾问企业编制精细化的工程定义文件并提供置业顾问服务，对供应链进行流程再造，同时将庞大的设计、工程、成本、合同等建造管理部门进行扁平化整合，专注于策划拿地、投资融资、销售租赁等经营发展服务。

37.设计咨询方提供施工临建设计，可以在承包商进场之前，早日利用闲置的施工场地搭建施工临建，方便业主、咨询、监理单位及早进驻现场。

38.叠加式全过程工程咨询，造价咨询、监理企业有优势，当前主要可用于某些国有投资项目；有机式全过程工程咨询，工程顾问、设计、施工、房地产企业有优势，可率先在非国有投资项目中推广应用。这种高端智力服务，关键看核心技术和服务价值，企业资质并不重要。